地区电网监控运行技术问答

国网嘉兴供电公司 组编

中国电力出版社
CHINA ELECTRIC POWER PRESS

内 容 提 要

为适应变电站无人值守、集中监控实时运行和管理要求，提高监控值班员对电网、设备、技术规范及设备监控基础知识的掌握水平，提升监控值班员对集中监控信息的分析判断和处置能力，编者提炼和总结了地区电网调控中心集中监控业务的相关规程、规范及设备监控基础知识，编写了《地区电网监控运行技术问答》。本书共分七章，包括电网监控的基础知识、异常故障处置、典型信息处置、监控远方操作、电压和无功调节、设备监控运行及管理、典型案例等相关内容。

本书可作为地区监控值班员自学、培训、考试和技能鉴定的指导性材料，也可用于相关专业的技术、管理人员学习参考。

图书在版编目（CIP）数据

地区电网监控运行技术问答／国网嘉兴供电公司组编．—北京：中国电力出版社，2019.12
ISBN 978-7-5198-4123-2

Ⅰ．①地… Ⅱ．①国… Ⅲ．①地区电网—电力系统运行—监视控制—问题解答 Ⅳ．① TM732-44

中国版本图书馆 CIP 数据核字（2020）第 010373 号

出版发行：中国电力出版社
地　　址：北京市东城区北京站西街 19 号（邮政编码 100005）
网　　址：http://www.cepp.sgcc.com.cn
责任编辑：邓慧都（010-63412636）
责任校对：黄　蓓　于　维
装帧设计：郝晓燕
责任印制：石　雷

印　刷：三河市百盛印装有限公司
版　次：2020 年 3 月第一版
印　次：2020 年 3 月北京第一次印刷
开　本：787 毫米 ×1092 毫米　16 开本
印　张：10.25
字　数：218 千字
印　数：0001—1000 册
定　价：46.00 元

编 委 会

前 言

随着变电站无人值班技术的发展，各级调控中心承担了变电站的集中监控业务。伴随集中监控业务的不断发展，监控值班员正成为一个细分工种，同时对监控值班员和管理人员远程获取监控数据并准确分析、判断、处置提出了更高要求。

为适应变电站无人值守、集中监控实时运行和管理要求，提高监控值班员对电网、设备、技术规范及设备监控基础知识的掌握水平，提升监控值班员对集中监控信息的分析判断和处置能力，编者提炼和总结了地区电网调控中心集中监控业务的相关规程、规范及设备监控基础知识，编写了《地区电网监控运行技术问答》。本书共分七章，包括电网监控的基础知识、异常故障处置、典型信息处置、监控远方操作、电压和无功调节、设备监控运行及管理、典型案例等相关内容。重点突出了监控值班员必须掌握的基础知识和规章制度，简单易懂，可作为地区监控值班员自学、培训、考试和技能鉴定的指导性材料，也可用于相关专业的技术和管理人员学习参考。

因本书内容涉及广泛，编者水平有限，书中难免存在错漏之处，恳请读者批评指正，以便再版时完善。

编 者

2019年8月

目 录

第一章　基础知识

一、电网监控基础知识

1. 什么叫电力系统？什么叫电网？

答：电力系统是电力生产、流通和使用的系统，是由包括发电、供电（输电、变电、配电）、用电设施等各个环节（一次设备）以及为保证上述设施安全、经济运行所需的继电保护、安全自动装置、电力计量装置、电力通信设施和电力调度自动化等设施（二次设备）所组成的整体。通常把发电和用电之间属于输送和分配的中间环节称为电力网，简称电网。电力系统实行统一调度、分级管理的原则。

2. 电力调控中心是怎样的机构？分为几级？

答：调控中心是电网运行的组织、指挥、指导、协调机构，电力调控中心分为五级，依次为：国家电力调度控制中心（简称国调），国家电力调度控制分中心（简称分中心），省电力调度控制中心（简称省调），地市电力调度控制中心（含配调，简称地调），县（市、区）电力调度控制中心（简称县调）。

3. 什么是变电站的主接线方式？

答：变电站的主接线方式是指主接线系统中各电气设备的运行状态（即运行、备用、检修）及其相互连接的方式。由于电力系统的负荷经常变化，电气设备需要停电检修或消除缺陷以及电气设备突然发生故障等原因，所以要经常改变运行方式。

4. 单母线分段接线方式有什么特点？

答：单母线分段接线可以减少母线故障的影响范围，提高供电的可靠性。

当一段母线有故障时，分段断路器在继电保护的配合下自动跳闸，切除故障段，使非故障母线保持正常供电。对于重要用户，可以从不同的分段上取得电源，保证不中断供电。

5. 双母线接线存在哪些缺点？

答：双母线接线存在以下缺点：

（1）接线及操作都比较复杂，倒闸操作时容易发生误操作。

（2）母线隔离开关较多，配电装置的结构也较复杂，所以经济性较差。

6. 什么是桥式接线？

答：桥式接线是在单元式接线的基础上发展而来的，将两个线路—变压器单元通过一组断路器连在一起称为桥式接线。根据断路器的位置分为内桥和外桥，桥式接线见图 1-1。

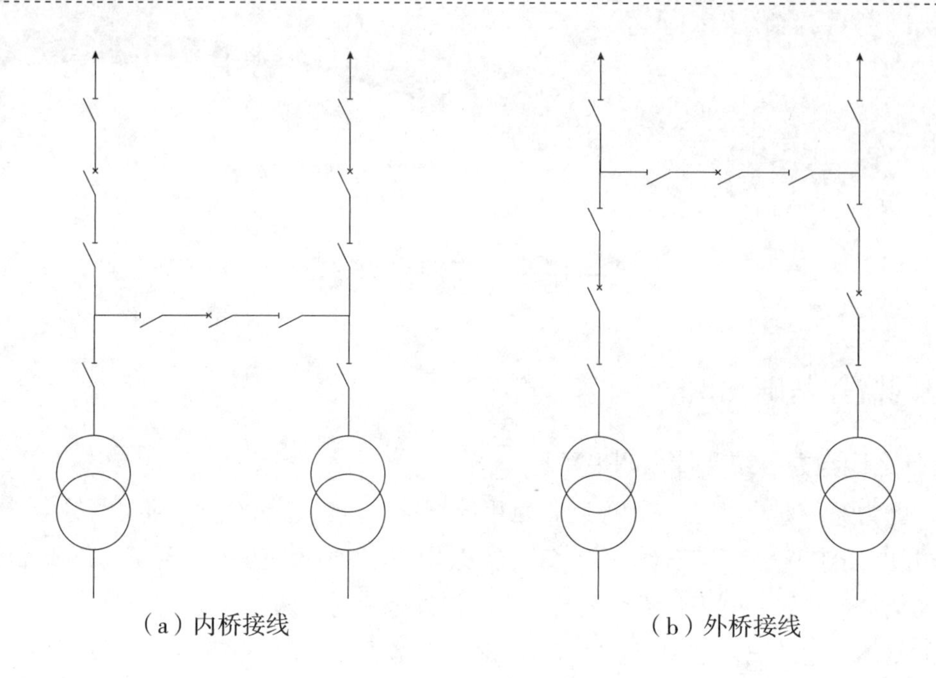

（a）内桥接线　　（b）外桥接线

图 1–1　桥式接线

7. 内桥接线与外桥接线的优缺点各是什么?

答：内桥接线的优点是：设备比较简单，引出线的切除和投入比较方便，运行灵活性好，还可采用备用电源自投装置；其缺点是：当变压器检修或故障时，要停掉一路电源和桥断路器，并且把变压器两侧隔离开关拉开，然后再根据需要投入线路断路器，这样操作步骤较多，继电保护装置也较复杂。所以，内桥接线一般适用于故障较多的长线路和变压器不需要经常切换的运行方式。

外桥接线的优点是：变压器在检修时，操作较为简便，继电保护回路也较为简单。其缺点是：当主变压器断路器的电气设备发生故障时，将造成较大范围的停电；此外，变压器倒电源操作时，需先停变压器，对电力系统而言，运行的灵活性差。因此，外桥接线适用于线路较短和变压器需要经常切换的地方。

8. 调度业务联系时数字“1、2、3、4、5、6、7、8、9、0”如何读音?

答：调度术语中读“幺、两、三、四、五、六、拐、八、九、洞”。

9. 电气设备有哪四种状态?

答：电气设备有运行状态、热备用状态、冷备用状态、检修状态四种状态。

10. 什么是“运行状态”?

答：“运行状态”的设备是指设备的断路器、隔离开关都在合上位置，将电源端至受电端的电路接通；所有的继电保护及自动装置均在投入位置（调度有要求的除外），控制及操作回路正常。

11. 什么是“热备用状态”?

答：“热备用状态”的设备是指设备只有断路器断开，而隔离开关仍在合上位置，其他同运行状态。

12. 什么是“冷备用状态”？

答：“冷备用状态”的设备是指设备的断路器、隔离开关都在断开位置。

(1)“断路器冷备用”是指该断路器间隔内的断路器及其两侧隔离开关都在断开位置，并取下本身保护装置跳（合）其他断路器压板以及其他运行保护和自动装置跳（合）该断路器压板［如取下母差、失灵、主变跳母联（母分）、故障解列等压板］。

(2)“线路冷备用”是指断路器间隔内断路器、隔离开关（有旁路的，应包括线路旁路隔离开关）都在断开位置，取下线路电压互感器次级熔丝，并取下本身保护装置跳（合）其他断路器压板以及其他运行保护和自动装置跳（合）该线路断路器压板（如取下母差、失灵、故障解列等压板）。

如线路电压互感器隔离开关联接在避雷器者，线路改冷备用操作时线路电压互感器隔离开关不拉开，只有当线路改检修状态时，才拉开线路电压互感器隔离开关。

如线路电压互感器隔离开关没有连接避雷器者，线路改冷备用状态时应把线路电压互感器隔离开关拉开后（无高压隔离开关的电压互感器当低压熔丝取下后）即处于冷备用状态。

13. 什么是“检修状态”？

答：“检修状态”的设备是指设备的所有断路器、隔离开关均断开，挂上接地线或合上接地断路器，挂好工作牌，该设备即为“检修状态”。根据不同的设备分为“线路检修”“断路器检修”等。

(1)“线路检修”是指该线路的断路器、隔离开关（有旁路的，应包括线路旁路隔离开关）都在断开位置，如有线路电压互感器者应将其高压隔离开关拉开、取下低压熔丝（无高压隔离开关的，取下低压熔丝），线路接地断路器在合上位置（或装设接地线），并取下本身保护装置跳（合）其他断路器压板以及其他运行保护和自动装置跳（合）该线路断路器压板（如取下母差、失灵、故障解列等压板）。

(2)“断路器检修”是指断路器及其两侧隔离开关均拉开，断路器控制回路断开，断路器的母差电流互感器（TA）脱离母差回路（停用母差保护，放上短接片，取下连接片，测量或检查母差不平衡电流在允许范围，再投母差保护）。母差保护具备母差 TA 按母线隔离开关位置自动切换的，应检查切换情况，然后在断路器两侧或一侧合上接地断路器（或装设接地线）。

14. 什么是手（小）车断路器状态的“冷备用状态”和“检修状态”？

答：(1) 冷备用状态：指断路器断开，手车拉至试验位置。母分断路器含分段隔离开关断开，主变断路器含主变隔离开关断开。

(2) 断路器检修：指断路器断开，断路器手车拉至试验位置，取下断路器二次插件后，小车再由试验位置拉至柜外。母分断路器含分段隔离开关断开，主变断路器含主变隔离开关断开。

（3）断路器及线路检修：指断路器断开，断路器手车均拉至试验位置，取下断路器二次插件后，小车再由试验位置拉至柜外，在线路侧挂上接地线（或合上接地断路器）。

（4）母分断路器检修：指断路器断开，断路器手车及过渡触头手车均拉至柜外。

（5）母线电压互感器冷备用：指母线电压互感器手车拉至试验位置，低压回路断开。

（6）母线电压互感器检修：指母线电压互感器手车拉至柜外。

（7）避雷器冷备用：指避雷器手车拉至试验位置。

（8）避雷器检修：指避雷器手车拉至柜外。

15. 什么是调度管辖?

答：是指电力系统运行和操作指挥权限的划分。地调的调度管辖范围是地区电网，负责对地区电网的统一调度、运行指挥及专业管理。

16. 什么是直调管辖?

答：按照“统一调度、分级管理”的原则，由某级调控中心直接调度管理的发电厂、变电站设备总和，以及变电运维站（班）等单位和系统设备。

17. 什么是直接调度设备?

答：由某级调控中心直调管辖的发电厂、变电站的一、二次主设备为该调控中心的直接调度设备。一次设备主要包括线路、主变压器（简称主变）、母线等的断路器、隔离开关、电流互感器、电压互感器；二次设备主要包括直调一次设备的继电保护和安全自动装置。

18. 什么是许可调度设备?

答：某级调控中心将对可能影响其直接调度设备和电网正常运行的部分设备称为其许可调度设备。许可调度设备包括直接调度设备相关的辅助设施（包括测控装置）、回路、通道、网络和系统等设备，还包括部分由下级调度直接调度的重要设备。对它们的调度是以“是否影响直接调度设备”为原则的。

19. 什么是授权调度设备?

答：授权调度设备指由上级调控中心授权下级调控中心直接调度的发电、输电、变电等一次设备及相关的继电保护、安全自动装置等二次设备。

20. 地调监控的范围有哪些? 县调监控的范围有哪些?

答：地调监控范围为：地域内220kV、110kV及城区（市本级）范围内35kV输变电设备。县调监控范围为：县域内10～35kV（含分支线）的输变电设备。监控范围仅限于监控信息符合调控运行接入标准，并纳入调度集中监控的输、变、配电设备。未纳入调度集中监控的输、变、配电设备，由设备运维单位负责监控。

21. 电网中的变电站分为几类?

答：按照电压等级、在电网中的重要性将变电站分为一类、二类、三类、四类变电站，实施差异化运检。

一类变电站是指交流特高压站，直流换流站，核电、大型能源基地（300万kW及以上）外送及跨大区（华北、华中、华东、东北、西北）联络1000/750/500/330kV变电站。

二类变电站是指除一类变电站以外的其他1000/750/500/330kV变电站，电厂外送变电站（100万kW及以上、300万kW以下）及跨省联络220kV变电站，主变压器或母线停运、断路器拒动造成四级及以上电网事件的变电站。

三类变电站是指除二类以外的220kV变电站，电厂外送变电站（30万kW及以上，100万kW以下），主变压器或母线停运、断路器拒动造成五级电网事件的变电站，为一级及以上重要用户直接供电的变电站。

四类变电站是指除一、二、三类以外的35kV及以上变电站。

22. 在线监测装置的管理要求是什么?

答：(1) 在线监测设备等同于主设备，需定期进行巡视、检查。

(2) 在线监测装置告警值的设定由各级运检部门和使用单位根据技术标准或设备说明书组织实施，告警值的设定和修改应记录在案。

(3) 在线监测装置不得随意退出运行。

(4) 在线监测装置不能正常工作，确需退出运行时，应经运维站、设备主管部门审批并记录后方可退出运行。

23. 检修工作的分类及要求?

答：检修工作分为四类：A类检修、B类检修、C类检修、D类检修。

(1) A类检修指整体性检修。检修周期按照设备状态评价决策进行，应符合厂家说明书要求。

(2) B类检修指局部性检修。检修周期按照设备状态评价决策进行，应符合厂家说明书要求。

(3) C类检修指例行检查及试验。基准检修周期35kV及以下4年、110(66)kV及以上3年。

(4) D类检修指在不停电状态下进行的检修。检修周期依据设备运行工况，及时安排，保证设备正常功能。

24. 设备缺陷如何分类?

答：(1) 危急缺陷。设备或建筑物发生了直接威胁安全运行并需立即处理的缺陷，否则，随时可能造成设备损坏、人身伤亡、大面积停电、火灾等事故。

(2) 严重缺陷。对人身或设备有严重威胁，暂时尚能坚持运行但需尽快处理的缺陷。

(3) 一般缺陷。上述危急、严重缺陷以外的设备缺陷，指性质一般、情况较轻，对安全运行影响不大的缺陷。

25. 设备缺陷处理时限有哪些要求?

答：(1) 危急缺陷处理不超过24h;

(2) 严重缺陷处理不超过1个月;

（3）需停电处理的一般缺陷不超过1个检修周期，可不停电处理的一般缺陷原则上不超过3个月。

26. 什么是设备定期试验？什么是定期轮换？

答：定期试验是指运行设备或备用设备进行动态或静态启动、传动，以检测运行或备用设备健康水平。定期轮换是指运行设备与备用设备进行倒换运行的方式。做好设备有关项目的定期工作，可及时发现设备的故障和隐患，及时处理或制定防范措施，从而保证备用设备的正常备用和运行设备的长期安全可靠运行。

27. 变电站定期轮换、试验有何规定？

答：（1）在有专用收发信设备运行的变电站，运维人员应按保护专业有关规定进行高频通道的测试工作。

（2）变电站事故照明系统每季度试验检查1次。

（3）主变压器冷却电源自投功能每季度试验1次。

（4）直流系统中的备用充电机应半年进行1次启动试验。

（5）变电站内的备用站用变压器（一次侧不带电）每半年应启动试验1次，每次带电运行不少于24h。

（6）站用交流电源系统的备自投装置应每季度切换检查1次。

（7）对强油（气）风冷、强油水冷的变压器冷却系统，各组冷却器的工作状态（即工作、辅助、备用状态）应每季进行轮换运行1次。

（8）对气体绝缘金属封闭断路器设备（GIS）设备操作机构集中供气的工作和备用气泵，应每季轮换运行1次。

（9）对通风系统的备用风机与工作风机，应每季轮换运行1次。

（10）不间断电源（UPS）系统每半年试验1次。

（11）其他。

二、一次设备基础知识

28. 变压器在电力系统中的主要作用是什么？

答：变压器在电力系统中的作用是变换电压，以利于功率的传输。电压经升压变压器升压后，可以减少线路损耗，提高送电的经济性，达到远距离送电的目的。而降压变压器则能把高电压变为用户所需要的各级使用电压，满足用户需要。

29. 油浸变压器有哪些主要部件？

答：变压器的主要部件有：铁芯、绕组、油箱、储油柜、呼吸器、防爆管、散热器、绝缘套管、分接断路器、气体继电器、温度计、净油器等。

30. 变压器的储油柜起什么作用？

答：当变压器油的体积随着油温的变化而膨胀或缩小时，储油柜起储油和补油作用，能保证油箱内充满油，同时由于装了储油柜，使变压器与空气的接触面减小，减缓了油的劣化速度。储油柜的侧面还装有油位计，可以监视油位的变化。

31. 变压器油位的变化与哪些因素有关？

答：变压器的油位在正常情况下随着油温的变化而变化，因为油温的变化直接影响变压器油的体积，使油标内的油面上升或下降。影响油温变化的因素有负荷的变化、环境温度的变化、内部故障及冷却装置的运行状况等。

32. 哪些原因会使变压器缺油？

答：使变压器缺油的原因是：

（1）变压器长期渗油或大量漏油。

（2）修试变压器时，放油后没有及时补油。

（3）储油柜的容量小，不能满足运行的要求。

（4）气温过低、储油柜的储油量不足。

33. 变压器缺油对运行有什么危害？

答：变压器油面过低会使轻瓦斯动作；严重缺油时，铁芯和绕组暴露在空气中容易受潮，并可能造成绝缘击穿。

34. 强迫油循环变压器停了油泵为什么不准继续运行？

答：原因是这种变压器外壳是平的，其冷却面积很小，甚至不能将变压器空载损耗所产生的热量散出去。因此，强迫油循环变压器完全停了冷却系统的运行是危险的。

35. 变压器轻瓦斯动作原因是什么？

答：轻瓦斯动作的原因是：

（1）因滤油、加油或冷却系统不严密以致空气进入变压器。

（2）因温度下降或漏油致使油面低于气体继电器轻瓦斯浮筒以下。

（3）变压器故障产生少量气体。

（4）发生穿越性短路。

（5）气体继电器或二次回路故障。

36. 变压器长时间在极限温度下运行有哪些危害？

答：一般变压器的主要绝缘是A级绝缘，规定最高使用温度为105℃，变压器在运行中绕组的温度要比上层油温高10～15℃。如果运行中的变压器上层油温总在80～90℃左右，也就是绕组经常在95～105℃左右，就会因温度过高使绝缘老化严重，加快绝缘油的劣化，影响使用寿命。

37. 不符合并列运行条件的变压器并列运行会产生什么后果？

答：当变比不相同而并列运行时，将会产生环流，影响变压器的输出功率。如果是百分阻抗不相等而并列运行，就不能按变压器的容量比例分配负荷，也会影响变压器的输出功率。接线组别不相同并列运行时，会使变压器短路。

38. 变压器励磁涌流有哪些特点?

答:(1)包含有很大成分的非周期分量，往往使涌流偏于时间轴的一侧。

(2)包含有大量的高次谐波分量，并以二次谐波为主。

(3)励磁涌流波形之间出现间断。

39. 变压器的有载调压装置动作失灵是什么原因造成的？

答:有载调压装置动作失灵的原因有:

(1)操作电源电压消失或过低。

(2)电机绕组断线烧毁，起动电机失压。

(3)联锁触点接触不良。

(4)传动机构脱扣及销子脱落。

40. 主变压器新投运或大修后投运前为什么要做冲击试验? 冲击几次？

答:(1)拉开空载变压器时，有可能产生操作过电压，在电力系统中性点不接地，或经消弧线圈接地时，过电压幅值可达 4 ～ 4.5 倍相电压;在中性点直接接地时，可达 3 倍相电压，为了检查变压器绝缘强度能否承受全电压或操作过电压，需做冲击试验。

(2)带电投入空载变压器时，会出现励磁涌流，其值可达 6 ～ 8 倍额定电流。励磁涌流开始衰减较快，一般经 0.5 ～ 1s 后即减到 0.25 ～ 0.5 倍额定电流值，但全部衰减时间较长，大容量的变压器可达几十秒，由于励磁涌流产生很大的电动力，为了考核变压器的机械强度，同时考核励磁涌流衰减初期能否造成继电保护误动，需做冲击试验。

(3)冲击试验次数;新产品投入为 5 次;大修后投入为 3 次。

41. 变压器过负荷分为哪几种? 各应注意什么?

答:变压器过负荷分为正常过负荷和事故过负荷，事故过负荷包括长期急救周期负载和短期急救负载。

长期急救周期负载的运行:①长期急救周期负载下运行时，将在不同程度上缩短变压器的寿命，应尽量减少出现这种运行方式的机会。必须采用时，应尽量缩短超额定电流运行的时间，降低超额定电流的倍数，投入备用冷却器;变压器存在较大缺陷时(如:冷却系统不正常、严重漏油、有局部过热现象、油中溶解气体分析结果异常等)或绝缘有弱点时，不宜超额定电流运行;②在长期急救周期性负载下运行期间，应加强对负荷和油温的监视，并根据过负荷的大小，每隔 10 ～ 30min 记录一次。

短期急救负载的运行:①短期急救负载下运行，相对老化率远大于 1，绕组热点温度可能达到危险程度。在出现这种情况时，应投入包括备用在内的全部冷却器，并尽量压缩负载、减少时间，一般不超过 0.5h。当变压器有严重缺陷或绝缘有弱点时，不宜超额定电流运行。②在短期急救负载运行期间，应有详细的负载电流记录。③变压器 0.5h 短期急救负载的负载系数按制造厂具体的规定执行。

42. 变压器出现哪些情况时应立即停电处理?

答:(1)内部音响很大,很不均匀,有爆裂声;

(2)在正常负荷和冷却条件下,变压器温度不正常且不断上升;

(3)储油柜或防爆管喷油;

(4)漏油致使油面下降,低于油位指示计的指示限度;

(5)油色变化过甚,油内出现碳质等;

(6)套管有严重的破损和放电现象;

(7)其他现场规程规定者。

43. 变压器温度计有什么作用?变压器温度计分为哪几种?

答:温度计是用来测量油箱里面上层油温的,起到监视电力变压器是否正常运行的作用。温度计按变压器容量大小可分为水银温度计、信号温度计、电阻温度计三种。

44. 对变压器有载装置的调压次数是如何规定的?

答:具体规定是:

(1)35kV 变压器的每天调节次数(每周一个分接头记为一次)不超过 20 次,110kV 及以上变压器每天调节的次数不超过 10 次,每次调节间隔的时间不少于 1min。

(2)当电阻型调压装置的调节次数超过 5000 ~ 7000 次时,电抗型调压装置的调节次数超过 2000 ~ 2500 次时应报检修。

45. 为什么将 A 级绝缘变压器绕组的温升规定为 65℃?

答:变压器在运行中要产生铁损和铜损,这两部分损耗全部转化为热量,使铁芯和绕组发热、绝缘老化,影响变压器的使用寿命,因此,国家标准规定变压器绕组的绝缘多采用 A 级绝缘,规定了绕组的温升为 65℃。

46. 什么叫变压器的不平衡电流?有什么要求?

答:变压器的不平衡电流是指三相变压器绕组之间的电流差。三相三线式变压器中,各相负荷的不平衡度不许超过 20%,在三相四线式变压器中,不平衡电流引起的中性线电流不许超过低压绕组额定电流的 25%。如不符合上述规定,应进行调整负荷。

47. 为什么 110kV 及以上变压器在停电及送电前必须将中性点接地?

答:我国的 110kV 电网一般采用中性点直接接地系统。在运行中,为了满足继电保护装置灵敏度配合的要求,有些变压器的中性点不接地运行。但因为断路器的非同期操作引起的过电压会危及这些变压器的绝缘,所以要求在切、合 110kV 及以上空载变压器时,将变压器的中性点直接接地。

48. 220kV 主变压器非全相运行有何危害?

答:220kV 主变压器非全相运行是指运行中的主变压器 220kV 侧断路器一相或两相发生偷跳(误跳)或拒合而转入非全相运行状态;非全相运行将会导致整个 220kV 系统出现零序电流,此时可能引起 220kV 线路零序Ⅲ段非选择性跳闸,导致事故扩大。

49. 变压器正常运行时哪些保护装置应该投信号?

答：变压器下列保护装置应投信号：

（1）本体轻瓦斯；

（2）真空型有载调压断路器轻瓦斯（油中熄弧型有载调压断路器不宜投入轻瓦斯）；

（3）突发压力继电器；

（4）油流继电器（流量指示器）；

（5）顶层油面温度计；

（6）绕组温度计。

50. 运行中的变压器进行哪些工作时应该将重瓦斯改信号?

答：运行中变压器进行以下工作时，应将重瓦斯保护改投信号，工作完毕后注意限期恢复：

（1）变压器补油，换潜油泵，油路检修及气体继电器探针检测等工作。

（2）冷却器油回路、通向储油柜的各阀门由关闭位置旋转至开启位置。

（3）油位计油面异常升高或呼吸系统有异常需要打开放油或放气阀门。

（4）变压器运行中，将气体继电器集气室的气体排出时。

（5）需更换硅胶、吸湿器，而无法判定变压器是否正常呼吸时。

51. 哪些情况下禁止有载断路器调压操作?

答：在下列情况下，有载断路器禁止调压操作：

（1）真空型有载断路器轻瓦斯保护动作发信时；

（2）有载断路器油箱内绝缘油劣化不符合标准；

（3）有载断路器储油柜的油位异常；

变压器过负荷运行时，不宜进行调压操作；过负荷 1.2 倍时，禁止调压操作。

52. 变压器正常运行温度有哪些要求?

答：除了变压器制造厂家另有规定外，油浸式变压器顶层油温一般不应超过表 1-1 规定的值。当冷却介质温度较低时，顶层油温也相应降低。

表 1-1　　　油浸式变压器顶层油温在额定电压下的一般限值

冷却方式	冷却介质最高温度（℃）	顶层最高油温（℃）	不宜经常超过温度（℃）	告警温度设定（℃）
自然循环自冷（ONAN）、自然循环风冷（ONAF）	40	95	85	85
强迫油循环风冷（OFAF）	40	85	80	80
强迫油循环水冷（OFWF）	30	70		

53. 变压器运行电压有哪些要求？

答：变压器的运行电压不应高于该运行分接电压的105%，并且不得超过系统最高运行电压。对于特殊的使用情况（例如变压器的有功功率可以在任何方向流通），允许在不超过110%的额定电压下运行。

54. 变压器并列运行的基本条件是什么？

答：并列运行的基本条件：

（1）接线组别相同。

（2）电压比相同，差值不得超过 ±0.5%。

（3）阻抗电压值偏差小于10%。

55. 变压器有载调压重瓦斯动作有哪些现象？

答：监控系统发出有载调压重瓦斯保护动作信息，主画面显示主变压器各侧断路器跳闸，各侧电流、功率显示为零。保护装置发出变压器有载调压重瓦斯信息。

56. 变压器着火有哪些现象？

答：监控系统发出重瓦斯保护动作、差动保护动作、灭火装置报警、消防总告警等信息，主画面显示主变各侧断路器跳闸，各侧电流、功率显示为零。保护装置发出变压器重瓦斯保护、差动保护动作信息。变压器冒烟着火、排油充氮装置启动、自动喷淋系统启动。

57. 变压器（电抗器）轻瓦斯动作有哪些现象？

答：（1）监控系统发出变压器（电抗器）轻瓦斯保护告警信息。

（2）保护装置发出变压器（电抗器）轻瓦斯保护告警信息。

（3）变压器（电抗器）气体继电器内部有气体积聚。

58. 变压器油温异常升高有哪些现象？

答：（1）监控系统发出变压器油温高告警信息。

（2）保护装置发出变压器油温高告警信息。

（3）变压器油温与正常运行时对比有明显升高。

59. 加装变压器中性点隔直装置有什么意义？

答：在直流输电的过程中，由于直流输电系统固有的运行方式和特点，在特殊情况下直流电流会流过大地，造成接地极周边变电站内中性点直接接地的主变产生较为严重的直流偏磁现象。直流偏磁现象使得变压器的损耗变大，可能造成保护装置发生误动，谐波的增加也会对其他电气设备造成不利影响。为了应对此类现象，需为变电站增加电容隔直装置来抑制变压器的直流偏磁。

60. 中性点隔直装置运行规定有哪些？

答：（1）主变压器投运后，方可投入相应的中性点电容隔直/电阻限流装置。退出装置前，应合上主变压器中性点电容隔直/电阻限流装置接地断路器。

（2）主变压器正常运行时，中性点电容隔直/电阻限流装置接地断路器与相应的变压器中性点电容隔直/电阻限流装置接地断路器不应同时处于分闸状态，两者间机械闭锁应可靠。

（3）两台主变压器不应同时共用一台中性点电容隔直/电阻限流装置。

（4）正常运行时，中性点电容隔直/电阻限流装置应处于自动工作模式。

（5）中性点电容隔直装置投运时，应通过测控装置操作，完成一次由直接接地工作状态到电容接地工作状态，再由电容接地工作状态回到直接接地工作状态的状态转换操作。

（6）在中性点电容隔直/电阻限流装置单独检修或故障处理时，应将变压器中性点直接接地，并将装置与运行变压器中性点可靠隔离。

61. 消弧线圈的运行规定有哪些?

答：(1) 中性点经消弧线圈接地系统，应运行于过补偿状态。

（2）中性点位移电压不得超过 15% U_n（U_n 为系统标称电压除以$\sqrt{3}$），中性点电流应小于 5A。

（3）中性点位移电压小于 15% U_n（U_n 为系统标称电压除以$\sqrt{3}$）时，消弧线圈允许长期运行。

（4）接地变压器二次绕组所接负荷应在规定的范围内。

（5）并联电阻投入超时跳闸出口应退出。

（6）控制器正常应置于“自动”控制状态。

（7）带有自动调整控制器的消弧线圈，脱谐度应调整在 5% ～ 20% 之间。

（8）运行中，当两段母线处于并列运行状态时，所属的两台消弧线圈控制器（或一控二的单台控制器）应能识别，并自动将消弧线圈转入主、从运行模式。

62. 消弧线圈的作用是什么？为什么要经常切换分接头？

答：因为电力系统架空输电线路和电缆线路对地的电容较大，当发生单相接地时，流经接地点的容性电流 $I=\sqrt{3}\ U\omega C$。电网越大 I_C 则越大。例如：6kV 级电网的电流即可达 100A 以上，致使电弧熄灭困难，会造成较大的事故。若在变压器中性点加一电感性的消弧线圈，使其形成的电感电流与电容电流相抵消，即所谓的电流补偿。为了得到适时合理补偿、电网在运行中随着线路增减的变化，而切换消弧线圈的分接头，以改变电感电流的大小、从而达到适时合理补偿的目的。

63. 中性点经消弧线圈接地的系统正常运行时，消弧线圈是否带有电压？

答：系统正常运行时，由于线路的三相对地电容不平衡，网络中性点与地之间存在一定电压，其电压值的大小直接与电容的不平衡度有关。在正常情况下，中性点所产生的电压不能超过额定相电压的 1.5%。

64. 高压断路器有什么作用？

答：高压断路器不仅可以切断和接通正常情况下高压电路中的空载电流和负荷电流，还可以在系统发生故障时与保护装置及自动装置相配合，迅速切断故障电源，防止事故扩大，保证系统的安全运行。

65. 真空断路器有哪些特点？

答：真空断路器具有触头开距小、燃弧时间短、触头在开断故障电流时烧伤轻微等特点，因此真空断路器所需的操作能量小，动作快。它同时还具有体积小、重量轻、维护工作量小，能防火、防爆，操作噪声小的优点。

66. 高压断路器可能发生哪些故障？

答：高压断路器本身的故障有：拒绝合闸、拒绝跳闸、假分闸、假跳闸、三相不同期、操作机构损坏、切断短路能力不够造成的喷油或爆炸以及具有分相操作能力的油断路器不按指令的相别合闸、跳闸动作等。

67. 断路器出现非全相运行时如何处理?

答：根据断路器发生不同的非全相运行情况，分别采取以下措施：

（1）断路器单相自动跳闸，造成两相运行时，如断相保护启动的重合闸没动作，可立即指令现场手动合闸一次，合闸不成功则应拉开其余二相断路器。

（2）如果断路器是两相断开，应立即将断路器拉开；

（3）如果非全相断路器采取以上措施无法拉开或合上时，则马上将线路对侧断路器拉开，然后到断路器机构箱就地拉开断路器；

（4）也可以用旁路断路器与非全相断路器并联，用隔离开关解开非全相断路器或用母联断路器串联非全相断路器切断非全相电流；

（5）如果发电机出口断路器非全相运行，应迅速降低该发电机有功、无功出力至零，然后进行处理；

（6）母联断路器非全相运行时，应立即调整降低母联断路器电流，倒为单母线方式运行，必要时应将一条母线停电。

68. 断路器 SF_6 气体压力降低有哪些现象?

答：（1）监控系统或保护装置发出 SF_6 气体压力低告警、压力低闭锁信号，压力低闭锁时同时伴随控制回路断线信号。

（2）现场检查发现 SF_6 密度继电器（压力表）指示异常。

69. 断路器操动机构压力低闭锁分合闸有何现象?

答：（1）监控系统或保护装置发出操动机构油（气）压力低告警、闭锁重合闸、闭锁合闸、闭锁分闸、控制回路断线等告警信息，并可能伴随油泵运转超时等告警信息。

（2）现场检查发现油（气）压力表指示异常。

70. 断路器柜绝缘击穿有哪些现象?

答：单相绝缘击穿，监控系统发出接地报警信号，接地相电压降低（最低降低到零），非接地相电压升高（最高升高到线电压），线电压不变。运行断路器柜内部可能有放电异响。两相以上绝缘击穿，监控系统发出相应保护动作信号，相应保护装置发出跳闸信号，给故障设备供电的断路器跳闸。

71. 哪些情况下断路器柜紧急申请停运?

答:(1)断路器柜内有明显的放电声并伴有放电火花,烧焦气味等。

(2)柜内元件表面严重积污、凝露或进水受潮,可能引起接地或短路时。

(3)柜内元件外绝缘严重裂纹,外壳严重破损、本体断裂或严重漏油已看不到油位。

(4)接头严重过热或有打火现象。

(5)SF_6断路器严重漏气,达到“压力闭锁”状态;真空断路器灭弧室故障。

(6)手车无法操作或保持在要求位置。

(7)充气式断路器柜严重漏气,达到“压力报警”状态。

72. 断路器和隔离开关的区别有哪些?

答:断路器有灭弧装置,故断路器能够带负荷操作,不但能操作负荷电流,还能切断故障(短路)电流;断路器有良好的封装形式,故单纯观察断路器,不能直观地确定其是处在闭合或断开位置。

隔离开关没有灭弧装置,虽然规程规定其可以操作于负荷电流小于5A的场合,但其总体属于不能带负荷操作;但隔离开关结构简单,从外观上能一眼看出其运行状态,检修时有明显断开点。

断路器在使用中简称为“开关”,隔离开关在使用中简称为“刀闸”,两者常联合使用。

73. 允许隔离开关操作的范围有哪些?

答:(1)拉、合系统无接地故障的消弧线圈。

(2)拉、合系统无故障的电压互感器、避雷器或220kV及以下电压等级空载母线。

(3)拉、合系统无接地故障的变压器中性点的接地断路器。

(4)拉、合与运行断路器并联的旁路电流。

(5)拉、合110kV及以下且电流不超过2A的空载变压器和充电电流不超过5A的空载线路,但当电压在20kV以上时,应使用户外垂直分合式三联隔离开关。

(6)拉开330kV及以上电压等级3/2接线方式中的转移电流(需经试验允许)。

(7)拉、合电压在10kV及以下时,电流小于70A的环路均衡电流。

74. 当系统发生单相接地故障时,不允许用隔离开关进行哪些操作?

答:(1)拉合接地电流;

(2)拉合变压器或充电线路;

(3)拉合消弧线圈。

75. SF_6气体有哪些良好的灭弧性能?

答:SF_6气体有以下几点良好的性能:

(1)弧柱导电率高,燃弧电压很低,弧柱能量较小。

(2)当交流电流过零时,SF_6气体的介质绝缘强度恢复快,约比空气快100倍,即它的灭弧能力比空气的高100倍。

（3）SF_6 气体的绝缘强度较高。

76. SF_6 气体有哪些主要的物理性质？

答：SF_6 气体是无色、无味、无毒、不易燃的惰性气体，具有优良的绝缘性能，且不会老化变质，比重约为空气的 5.1 倍，在标准大气压下，－62℃时液化。

77. SF_6 气体什么情况下才有毒?

答：一般空气中 SF_6 的浓度不应超过 1000ppm，SF_6 气体在常温下是很稳定的，不会劣化。但是在电弧高温作用下，会发生分解和电离形成低氟化合物，与气体中的水分、电极材料等发生反应，还会生成多种对人体有害的金属氟化物和酸类物质。有的甚至是剧毒的，会造成零部件腐蚀、绝缘件劣化、导体接触不良等严重后果。

78. 什么是 GIS 设备?

答：GIS（gas insulated switchgear）是气体绝缘金属封闭断路器设备的英文简称。GIS 由断路器、隔离开关、接地断路器、互感器、避雷器、母线、连接件和出线终端等组成，这些设备或部件全部封闭在金属接地的外壳中，在其内部充有一定压力的 SF_6 绝缘气体，也称 SF_6 全封闭组合电器。

79. GIS 设备与传统设备相比有什么优点?

答：GIS 采用的是绝缘性能和灭弧性能优异的六氟化硫（SF_6）气体作为绝缘和灭弧介质，并将所有的高压电气元件密封在接地金属筒中，因此与传统敞开式配电装置相比，GIS 具有占地面积少、元件全部密封不受环境干扰、运行可靠性高、运行方便、检修周期长、维护工作量少、安装迅速、运行费用低、无电磁干扰等优点。

80. GIS 设备的母线管配置伸缩节有什么意义?

答：（1）GIS 设备是由断路器、隔离开关、互感器和母线互相连接起来的。这些元件的材料不同，膨胀系数不一样，当温度变化时若各个元件不能自由伸长和缩短，由于温度应力的原因，势必损坏元件。

（2）伸缩节头补偿 GIS 设备加工而造成的误差。

81. GIS 设备的小修项目有哪些?

答：（1）密度计、压力表的校验；

（2）SF_6 气体的补气、干燥、过滤由 SF_6 气体处理车进行；

（3）导电回路接触电阻的测量；

（4）吸附剂的更换；

（5）液压油的补充更换；

（6）不良紧固件或部分密封环的更换。

82. 为什么工作人员进入 GIS 现场工作之前，必须进行通风换气?

答：由于 SF_6 气体密度比空气大几倍，因而会在地势较低处沉积。当空气中的 SF_6 密度超过一定量时，可使人窒息。因此，工作人员进入 GIS 安装现场，尤其是进入地下室、电缆沟等低洼场所工作之前，必须进行通风换气，并检测空气浓度。

83. GIS 各气室的压力表监视什么压力?

答：SF_6气体压力（密度）是GIS绝缘、载流、开断与关合能力的宏观标志，运行中必须始终保持在产品技术条件规定的范围内。GIS气体压力（密度）是通过各气室的压力表和密度控制器进行监视的。

84. 交流窜入直流有哪些现象?

答：(1) 监控系统发出直流系统接地、交流窜入直流告警信息。

(2) 绝缘监测装置发出直流系统接地、交流窜入直流告警信息。

(3) 不具备交流窜入直流监控功能的变电站发出直流系统接地告警信息。

85. 站用交流电源系统配置有什么要求?

答：(1) 装有两台及以上主变压器的330kV及以上变电站和地下220kV变电站，应配置三路站用电源，其中两路分别取自本站不同主变压器，另一路取自站外电源。

(2) 装有两台及以上主变压器的220kV及以下变电站，应至少配置两路电源，可分别取自本站不同主变压器；或一路取自本站主变压器，另一路取自站外可靠电源。该站外电源应与本站提供站用电源的主变压器独立，提供站用电源的主变压器停电时站外电源仍能可靠供电。

(3) 装有一台主变压器的变电站，应配置两路电源，其中一路取自本站主变压器，另一路取自站外可靠电源。

(4) 不装设变压器的断路器站，应配置两路电源，分别取自不同的站外可靠电源。两路站用电源不得取自同一个上级变电站。

(5) 330kV及以上变电站和地下220kV变电站的站外电源应独立可靠，不应取自本站作为唯一供电电源的变电站，本站全停时站外电源仍能可靠供电。

(6) 330kV及以上变电站应安装应急电源接入箱，220kV及以下变电站应预留应急电源接入点。

86. 站用交流电源系统的供电方式有什么要求?

答：(1) 站用电负荷应分配合理，确保系统三相电流平衡。

(2) 站用电负荷宜由站用配电屏柜直配供电，对重要负荷（如主变压器冷却器、低压直流系统充电机、不间断电源、消防水泵）应采用双回路供电，且接于不同的站用电母线段上，并能实现自动切换。

(3) 变电站远动装置、计算机监控系统及其测控单元、变送器等自动化设备应采用冗余配置的不间断电源或站内直流电源供电。

(4) 断路器、隔离开关的操作及加热负荷，可采用双回路供电方式。

(5) 检修电源网络宜采用按配电装置区域划分的单回路分支供电方式。

87. 电流互感器有什么用途？

答：电流互感器把大电流按一定比例变为小电流，提供各种仪表使用和继电保护用的电流，并将二次系统与高电压隔离。它不仅保证了人身和设备的安全，也使仪表和继电器的制造简单化、标准化，提高了经济效益。

88. 电流互感器有哪几种接线方式？

答：电流互感器的接线方式，有使用两个电流互感器两相V形接线和两相电流差接线；有使用三个电流互感器的三相Y接线、三相△接线和零序接线。

89. 电流互感器二次侧为什么不许开路？怎样处理？

答：（1）电流互感器一次电流的大小与二次负载的电流无关。互感器正常工作时，由于阻抗很小，接近于短路状态，一次电流所产生的磁化力大部分被二次电流所补偿，总磁通密度不大，二次线圈电势也不大。当电流互感器开路时，阻抗 Z_2 元限增大，二次线圈电流等于零，二次绕组磁化力等于零，总磁化力等于原绕组的磁化力（$I_{oNI}=I_{INI}$）。也就是一次电流完全成了激磁电流，在二次线圈产生很高的电势，其峰值可达几千伏，威胁人身安全或造成仪表、保护装置、互感器二次绝缘损坏。另一方面一次绕组磁化力使铁芯磁通密度增大，可能造成铁芯强烈过热而损坏。

（2）电流互感器开路时，产生的电势大小与一次电流大小有关。在处理电流互感器开路时一定将负荷减小或使负荷为零，然后带上绝缘工具进行处理，在处理时应停用相应的保护装置。

90. 电流互感器二次开路有何现象？

答：微机保护装置报警，自动化信息显示保护装置发出“电流回路断线”“装置异常”等信号。开路处发生火花放电，电流互感器本体发出“嗡嗡”声音。不平衡电流增大，相应的电流表、功率表、有功表、无功表指示降低或摆动，电能表转慢或不转。

91. 为什么不允许电流互感器长时间过负荷运行？

答：电流互感器长时间过负荷运行，会使误差增大，表计指示不正确。另外，由于一、二次电流增大，会使铁芯和绕组过热，绝缘老化快，甚至损坏电流互感器。

92. 电流互感器的运行规定有哪些?

答：（1）电流互感器二次绕组所接负荷应在准确等级所规定的负荷范围内。

（2）电流互感器允许在设备最高电压下和额定连续热电流下长期运行。

（3）运行中的电流互感器二次侧只允许有一个接地点。其中公用电流互感器二次绕组二次回路只允许且必须在相关保护柜屏内一点接地。独立的、与其他电压互感器和电流互感器的二次回路没有电气联系的二次回路应在断路器场一点接地。

（4）新投入或大修后（含二次回路更动）的电流互感器必须核对相序、极性。

93. 电压互感器一次侧熔丝熔断后，为什么不允许用普通熔丝代替？

答：以10kV电压互感器为例，一次侧熔断器熔丝的额定电流是0.5A。采用石英砂填充的熔断器具有较好的灭弧性能和较大的断流容量，同时具有限制短路电流的作用。而普通熔丝则不能满足断流容量要求。

94. 为什么电压互感器和电流互感器的二次侧必须接地？

答：电压互感器和电流互感器的二次侧接地属于保护接地。因为一、二次侧绝缘如果损坏，一次侧高压串到二次侧，就会威胁人身和设备的安全，所以二次侧必须接地。

95. 为什么 110kV 及以上电压互感器的一次侧不装设熔断器？

答：因为 110kV 及以上电压互感器的结构采用单相串级式，绝缘强度大，还因为 110kV 系统为中性点直接接地系统，电压互感器的各相不可能长期承受线电压运行，所以在一次侧不装设熔断器。

96. 电压互感器发生异常情况可能发展成故障时，处理原则?

答：(1) 电压互感器高压侧隔离开关可以远控操作时，应用高压侧隔离开关远控隔离。

(2) 无法采用高压侧隔离开关远控隔离时，应用断路器切断该电压互感器所在母线的电源，然后再隔离故障的电压互感器。

(3) 禁止用近控的方法操作该电压互感器高压侧隔离开关。

(4) 禁止将该电压互感器的次级与正常运行的电压互感器次级进行并列。

(5) 禁止将该电压互感器所在母线保护停用或将母差保护改为非固定连结方式（或单母方式）。

(6) 在操作过程中发生电压互感器谐振时，应立即破坏谐振条件，并在现场规程中明确。

97. 停用电压互感器时应注意哪些问题?

答：应注意的问题是：

(1) 不使保护自动装置失去电压。

(2) 必须进行电压切换。

(3) 防止反充电，取下二次熔断器（包括电容器)。

(4) 二次负荷全部断开后，断开互感器一次侧电源。

98. 电压互感器的运行规定有哪些?

答：(1) 新投入或大修后（含二次回路更动）的电压互感器必须核相。

(2) 电压互感器二次绕组所接负荷应在准确等级所规定的负荷范围内。

(3) 电压互感器二次侧严禁短路。

(4) 电压互感器的各个二次绕组（包括备用）均必须有可靠的保护接地，且只允许有一个接地点。接地点的布置应满足有关二次回路设计的规定。

(5) 中性点非有效接地系统中，作单相接地监视用的电压互感器，一次中性点应接地。

为防止谐振过电压，应在一次中性点或二次回路装设消谐装置。

(6) 电压互感器（含电磁式和电容式电压互感器）允许在 1.2 倍额定电压下连续运行。中性点有效接地系统中的互感器，允许在 1.5 倍额定电压下运行 30s。中性点非有效接地系统中的电压互感器，在系统无自动切除对地故障保护时，允许在1.9倍额定电压下运行8h；在系统有自动切除对地故障保护时，允许在1.9倍额定电压下运行30s。

99. 充有SF_6气体的电压互感器SF_6气体压力降低有哪些现象？

答：（1）监控系统发出SF_6气体压力低的告警信息。

（2）SF_6密度继电器气体压力指示低于报警值。

（3）设备本体冒烟着火。

100. 哪些情况下电容器紧急申请停运？

答：运行中的电力电容器有下列情况时，运维人员应立即申请停运，停运前应远离设备：

（1）电容器发生爆炸、喷油或起火。

（2）接头严重发热。

（3）电容器套管发生破裂或有闪络放电。

（4）电容器、放电线圈严重渗漏油时。

（5）电容器壳体明显膨胀，电容器、放电线圈或电抗器内部有异常声响。

（6）集合式并联电容器压力释放阀动作时；当电容器2根及以上外熔断器熔断时。

（7）电容器的配套设备有明显损坏，危及安全运行时。

（8）其他根据现场实际认为应紧急停运的情况。

101. 新装并联电容器组投运有何规定？

答：并联电容器组新装投运前，除各项试验合格并按一般巡视项目检查外，还应检查放电回路，保护回路、通风装置完好。构架式电容器装置每只电容器应编号，在上部三分之一处贴45～50℃试温蜡片。在额定电压下合闸冲击三次，每次合闸间隔时间5min，应将电容器残留电压放完时方可进行下次合闸。

102. 并联电容器操作要点有哪些？

答：（1）正常情况下电容器的投入、切除由调控中心自动电压控制（AVC）系统自动控制，或由值班调控人员根据调度颁发的电压曲线自行操作。

（2）站内并联电容器与并联电抗器不得同时投入运行。

（3）由于继电保护动作使电容器断路器跳闸，在未查明原因前，不得重新投入电容器。

（4）装设自动投切装置的电容器，应有防止保护跳闸时误投入电容器装置的闭锁回路，并应设置操作解除控制断路器。

（5）对于装设有自动投切装置的电容器，在停复电操作前，应确保自动投切装置已退出，复电操作完后，再按要求进行投入。

（6）电容器检修作业，应先对电容器高压侧及中性点接地，再对电容器进行逐个充分放电。装在绝缘支架上的电容器外壳亦应对地放电。

（7）分组电容器投切时，不得发生谐振（尽量在轻载荷时切出）。

（8）环境温度长时间超过允许温度或电容器大量渗油时禁止合闸；电容器温度低于下限温度时，应避免投入操作。

（9）某条母线停役时应先切除该母线上电容器，然后拉开该母线上的各出线回路，母线复役时则应先合上母线上的各出线回路断路器，后合上电容器断路器。

（10）电容器切除后，须经充分放电后（必须在5min以上），才能再次合闸。因此在操作时，若发生断路器合不上或跳跃等情况时，不可连续合闸，以免电容器损坏。

（11）有条件时，各组并联电容器应轮换投退，以延长使用寿命。

103. 串联补偿（简称串补）装置有哪些工作方式?

答：串补装置运行过程中主要存在正常方式、热备用方式、冷备用方式、检修方式四种工作方式。串补装置的四种运行方式见表1-2。

表1-2　　串补装置的四种运行方式

操作设备 运行方式	旁路断路器（BCB）	旁路隔离开关（MBS）	串联隔离开关（DS）	串补接地断路器（ES）	控制及保护设备
正常方式	断开	断开	合入	断开	投入
热备用方式	合入	断开	合入	断开	投入
冷备用方式	任意	任意	断开	断开	任意
检修方式	任意	任意	断开	合入	退出

104. 干式电抗器操作要点有哪些?

答：（1）并联电抗器的投切按调度部门下达的电压曲线或调控人员命令进行，系统正常运行情况下电压需调整时，应向调控人员申请，经许可后可以进行操作。

（2）站内并联电容器与并联电抗器不得同时投入运行。

（3）因总断路器跳闸使母线失压后，应将母线上各组并联电抗器退出运行，待母线恢复后方可投入。正常操作中不得用总断路器对并联电抗器进行投切。

（4）有条件时，各组并联电抗器应轮换投退，以延长使用寿命。

三、继电保护及安全自动装置基础知识

105. 继电保护装置有什么作用？

答：继电保护装置能反应电气设备的故障和不正常工作状态并自动迅速地、有选择性地动作于断路器，将故障设备从系统中切除，保证无故障设备继续正常运行，将事故限制在最小范围，提高系统运行的可靠性，最大限度地保证向用户安全、连续供电。

106. 继电保护有哪些基本要求？

答：根据继电保护装置在电力系统中所担负的任务，继电保护装置必须满足四个基本

要求：选择性、快速性、灵敏性和可靠性。

107. 220kV 线路保护装置 WXH-803 有哪些保护功能？

答：WXH-803 线路保护装置主保护为纵联电流差动保护，后备保护为三段式相间距离及接地距离保护、两段式零序过流保护、自动重合闸功能，适用于 220kV 及以上电压等级线路。WXH-803 系列线路保护装置还提供可选配的零序反时限保护、三相不一致保护、电缆线路、冲击性负荷、过电压及远跳保护功能。

108. 220kV 线路保护装置 RCS-901A 有哪些保护功能？

答：RCS-901A 型超高压输电线路成套保护装置，作为 220kV 输电线路的线路的主保护，它的基本功能是以纵联变化量方向和零序方向元件为主体作为线路全线速动主保护（与收发讯机配合），由工频变化量距离元件构成的快速 I 段保护、三段式相间和接地距离及两个延时段零序方向过流构成全套后备保护；RCS-901A 保护装置还具有分相出口及综合自动重合闸功能。

109. 220kV 线路保护装置 CSC103A 有哪些保护功能？

答：CSC103A 型微机高压输电线路成套保护装置，作为 220kV 输电线路的线路的主保护，它的主保护是纵联电流差动，后备保护为三段式距离保护、零序方向电流保护等，还具有故障录波等功能。

110. 220kV 线路保护装置 PCS-931 有哪些保护功能？

答：PCS-931 包括以分相电流差动和零序电流差动为主体的快速保护，由工频变化量距离元件构成的快速 I 段保护，由三段式相间和接地距离及多个零序方向过流构成的圈套后备保护，PCS-931 可分相出口，配有自动重合闸功能，对单或双母线界限的断路器实现单相重合、三相重合和综合重合闸。

111. 110kV 线路保护装置 CSC-161A 有哪些保护功能？

答：CSC-161A 数字式线路保护装置，可以适用于：110kV 及以下中性点直接接地的输电线保护。CSC-161A 数字式线路保护装置配置如下功能：三段相间距离、三段接地距离、四段零序电流保护、零序电流加速段、TV 断线后两段零流、TV 断线后两段过流、过负荷保护、三相一次重合闸。

112. 110kV 线路保护装置 RCS-941A 有哪些保护功能？

答:RCS-941A 型超高压输电线路成套保护装置作为 110kV 输电线路的线路的主保护及后备保护，它的基本功能是三段相间和接地距离保护、四段零序方向过流保护和低周保护并具有三相一次重合闸、过负荷告警、频率跟踪采样功能，装置还带有跳合闸操作回路以及交流电压切换回路。

113. 35kV 以下线路保护测控装置有哪些保护功能？

答：测控保护装置是集成了保护、测控和信号监视功能的一体化智能装置。装置实现电流、电压保护功能，电流、电压、功率及频率等测量功能，针对断路器的控制功能，防误操作的五防功能，控制回路断线、事故音响等信号的监视功能。

114. 零序电流保护有什么特点？

答：零序电流保护的最大特点是：只反应接地故障。因为系统中的其他非接地短路故障不会产生零序电流，所以零序电流保护不受任何故障的干扰。

115. 零序保护的Ⅰ、Ⅱ、Ⅲ、Ⅳ段的保护范围是怎样划分的?

答：(1) 零序保护的Ⅰ段是按躲过本线路末端单相短路时流经保护装置的最大零序电流整定的，它不能保护线路全长。

(2) 零序保护的Ⅱ段是与保护安装处相邻线路零序保护的Ⅰ段相配合整定的，它不仅能保护本线路全长，而且可以延伸至相邻线路。

(3) 零序保护的Ⅲ段与相邻线路的Ⅱ段相配合，是Ⅰ、Ⅱ段的后备保护。

(4) Ⅳ段则一般作为Ⅲ段的后备保护。

116. 定时限过流保护动作电流的整定原则是什么？

答：定时限过流保护动作电流的整定原则是：动作电流必须大于负荷电流，在最大负荷电流时保护装置不动作，当下一级线路发生外部短路时，如果本级电流继电器已起动，则在下级保护切除故障电流之后，本级保护应能可靠地返回。

117. 10kV 配电线路为什么只装过流保护不装速断保护？

答：10kV 配电线供电距离较短，线路首端和末端短路电流值相差不大，速断保护按躲过线路末端短路电流整定，保护范围太小；另外过流保护动作时间较短，当具备这两种情况时就不必装电流速断保护。

118. 主变压器保护的配置情况?

答：(1) 瓦斯保护：瓦斯保护有轻瓦斯保护和重瓦斯保护两种。重瓦斯保护是变压器本体内部故障的主保护。它反应变压器内部各种形式的短路和油面降低。重瓦斯保护瞬时动作跳开变压器的三侧断路器。当变压器油面降低和发生轻微瓦斯时，轻瓦斯保护瞬时动作发出预告信号。

(2) 纵差保护：变压器的纵差保护是变压器本体内部、套管和引出线故障的主保护。它反应变压器绕组和引出线的相间短路，中性点直接接地侧的单相接地短路及绕组匝间短路。纵差保护动作瞬时跳开三侧断路器。

(3) 220kV 复合电压闭锁过流：作为主变压器内部和外部相间故障的总后备保护，动作后延时跳主变压器三侧断路器。

(4) 220kV 零序过流：为主变压器部和外部中性点直接接地侧接地故障的总后备保护，动作后延时跳主变压器三侧断路器。

(5) 220kV 复合电压闭锁方向过流：方向指向主变压器，作为主变压器内部和中低压侧外部相间故障的后备保护，动作后第一时限跳主变压器 110kV 断路器，第二时限跳主变压器三侧断路器。

（6）220kV 零序方向过流（二段式）：方向指向主变，作为主变压器内部和中压侧外部接地故障的后备保护，动作后第一时限跳主变压器 110kV 断路器，第二时限跳主变压器三侧断路器。

（7）110kV 复合电压闭锁方向过流：方向指向 110kV 母线，作为主变压器 110kV 外部相间故障的后备保护，第一时限跳 110kV 母联，第二时限跳主变压器 110kV 断路器。

（8）110kV 复合电压闭锁过流：作为主变压器 110kV 外部相间故障的后备保护，第一时限跳 110kV 母联，第二时限跳主变压器 110kV 断路器。

（9）110kV 零序方向过流（二段式）：方向指向 110kV 母线，作为主变压器 110kV 外部接地故障的后备保护，第一时限跳 110kV 母联，第二时限跳主变压器 110kV 断路器。

（10）35kV 复合电压闭锁过流：作为主变压器 35kV 外部相间故障的后备保护，第一时限跳 35kV 母分，第二时限跳主变压器 35kV 断路器，第三时限跳主变压器三侧断路器。

（11）过负荷保护：反映主变压器各侧的过负荷情况，带时限动作于信号。

（12）冷却器通风启动：当主变压器 220kV 侧电流大于动作定值时，启动主变压器备用风扇组。

（13）220kV 断路器失灵保护：启动 220kV 母差出口。

（14）220kV 中性点间隙零序保护：动作后跳主变压器三侧断路器。

（15）110kV 中性点间隙零序保护：动作后跳主变压器三侧断路器。

（16）断路器失灵保护：启动 220kV 母差出口。

（17）压力释放阀：只投信号。

119. 简述母线差动保护。

答：母线差动保护由分相复式比率制动差动元件构成，差动回路包括母线大差动回路（是指除母联断路器外所有支路电流所构成的差动回路）和各段母线小差动回路（是指该段母线上所连接的所有支路包括母联电流所构成的差动回路）。母线大差比率差动用于判别母线区内和区外故障，小差比率差动用于故障母线的选择。

120. 简述母联失灵保护。

答：母线并列运行，当保护向母联断路器发出跳令后，经整定延时若大差电流元件不返回，母联仍然有电流，则母联失灵保护应经母线差动复合电压闭锁后切除相关母线各元件。只有母联断路器作为联络断路器时，才起动母联失灵保护，因此母差保护和母联充电保护起动母联失灵保护。

121. 简述母联死区保护。

答：母联死区保护分合位死区和分位死区：母线并列运行（联络断路器合位）发生母联死区故障，母线差动保护动作切除一段母线及母联断路器，装置检测母联断路器处于分位后经 150ms 延时确认分裂状态，母联电流不计入小差电流，由差动保护切除母联死区故障。

母线分裂运行时母联（分段）断路器与母联（分段）流互之间发生故障，由于母联断路器分位已确认，故障母线差动保护满足动作条件，直接切除故障母线，避免了故障切除范围的扩大。

122. 简述断路器失灵保护。

答：断路器失灵保护与母线差动保护共用跳闸出口。当母线所连的某断路器失灵时，若没有失灵起动装置，装置本身可以实现检测断路器失灵的过流元件。

变压器断路器失灵跳三侧启动：母线故障跳变压器断路器发生断路器失灵故障，需跳开该变压器其余各侧断路器。母线保护装置提供变压器失灵跳三侧启动接点。变压器间隔失灵保护动作，经失灵短延时跳开母联断路器，长延时跳开相应母线，同时启动变压器间隔跳三侧功能。

123. 为什么要求继电保护装置快速动作？

答：因为保护装置的快速动作能够迅速切除故障、防止事故的扩展，防止设备受到更严重的损坏，还可以减少无故障用户在低电压下工作的时间和停电时间，加速恢复正常运行的过程。

124. 什么是电压速断保护？

答：线路发生短路故障时，母线电压急剧下降，在电压下降到电压保护整定值时，低电压继电器动作，跳开断路器，瞬时切除故障。这就是电压速断保护。

125. 什么叫距离保护？

答：距离保护是指利用阻抗元件来反应短路故障的保护装置，阻抗元件的阻抗值是接入该元件的电压与电流的比值：$U/I=Z$，也就是短路点至保护安装处的阻抗值。因线路的阻抗值与距离成正比，所以叫距离保护或阻抗保护。

126. 过流保护的动作原理是什么？

答：电网中发生相间短路故障时，电流会突然增大，电压突然下降，过流保护就是按线路选择性的要求，整定电流继电器的动作电流的。当线路中故障电流达到电流继电器的动作值时，电流继电器动作按保护装置选择性的要求，有选择性地切断故障线路。

127. 什么是过流保护延时特性？

答：流过保护装置的短路电流与动作时间之间的关系曲线称为保护装置的延时特性。延时特性又分为定时限延时特性和反时限延时特性。定时限延时的动作时间是固定的，与短路电流的大小无关。反时限延时动作时间与短路电流的大小有关，短路电流大，动作时间短，短路电流小，动作时间长。短路电流与动作时限成一定曲线关系。

128. 什么叫重合闸后加速？

答：当被保护线路发生故障时，保护装置有选择地将故障线路切除，与此同时重合闸动作，重合一次，若重合于永久性故障时，保护装置立即以不带时限、无选择地动作再次断开断路器。这种保护装置叫作重合闸后加速，一般多加一块中间继电器即可实现。

129. 什么是自动重合闸？

答：当断路器跳闸后，能够不用人工操作而很快使断路器自动重新合闸的装置叫自动重合闸。

130. 什么叫同期？

答：如果断路器两侧都有电源，那么在合这个断路器的时候，就要采取同期合闸。所谓同期，就是指断路器两侧电压、频率相等，相序、相位相同，只有在这个时候合闸才不会有冲击电流。如果不同期合闸，冲击电流过大，断路器会自动跳闸，合闸就失败了。

131. 何谓准同期并列，并列的条件有哪些？

答：当满足下列条件或偏差不大时，合上电源间断路器的并列方法为准同期并列。

（1）并列断路器两侧的电压相等，最大允许相差20%以内。

（2）并列断路器两侧电源的频率相同，一般规定：频率相差0.5Hz即可进行并列。

（3）并列断路器两侧电压的相位角相同。

（4）并列断路器两侧的相序相同。

132. 高频远方跳闸的原理是什么？

答：这种保护用高频电流传送跳闸信号，区内故障时，保护装置Ⅰ段动作后，瞬时跳开本侧断路器，并同时向对侧发出高频信号，收到高频信号的一侧将高频信号与保护Ⅱ段动作进行比较，如Ⅱ段起动即加速动作跳闸，从而实现区内故障全线快速切除。

133. 同步检测继电器是怎样工作的？

答：同步检测继电器的两组线圈是分别接在运转和起动同步电压小母线上的，当同步电压小母线上出现电压时，同步检测继电器即可工作。如果同步点两侧电压相角差超过同步检测继电器整定的动作角度时，继电器动作，动合触点打开，断开合闸脉冲回路，断路器就无法合闸。

只有当相角差小于整定角度时，动断触点才会闭合，允许发出合闸脉冲。这样就防止了非同期合闸，起到了闭锁作用。

134. 220kV线路为什么要装设综合重合闸装置？

答：220kV线路为中性点直接接地系统，因系统单相接地故障最多，所以断路器都装分相操动机构。

当发生单相接地故障时，保护动作仅跳开故障相线路两侧断路器，没有故障的相不跳闸，这样可以防止操作过电压，提高系统稳定性；当发生相间故障时，保护装置动作跳开两侧三相断路器，另一方面，当需要单相跳闸单相重合、三相跳闸三相重合时，也可由综合重合闸来完成。

135. 综合重合闸与继电保护装置是怎样连接的？

答：220kV线路继电保护不直接跳闸，而是经过重合闸装置，由重合闸装置中选相元件来判别是哪一相故障，如为单相故障，则只跳开故障相，如为相间故障则跳开三相。因为单相故障过程中要出现非全相运行状态，所以一般将所有继电保护分为三类，接入重合闸回路。

（1）能躲开非全相运行的保护，如：高频保护、零序Ⅰ段（定值较大时）、零序Ⅲ段（时间较长时），接入重合闸N端，这些保护在单相跳闸后出现非全相运行时，保护不退出运行，此时如有故障发生时，保护仍能动作跳闸。

（2）不能躲开非全相运行的保护，如：阻抗保护、零序Ⅱ段，接入重合闸M端，这些保护在非全相运行时，自动退出运行。

（3）不启动重合闸的保护、接入重合闸R端跳闸后不需进行重合。

136. 综合重合闸有几种运行方式？

答：综合重合闸有以下三种方式。

（1）综合重合闸方式。单相故障跳闸后单相重合，重合在永久性故障上跳开三相，相间故障跳开三相后三相重合，重合在永久性故障上再跳开三相。

（2）三相重合闸方式。任何类型故障均跳开三相、三相重合（检查同期或无电压），重合在永久性故障上时再跳开三相。

（3）单相重合闸方式。单相故障跳开故障相后单相重合，重合在永久故障后跳开三相，相间故障跳开三相后不再重合。

137. 双电源线路装有无压鉴定重合闸的一侧为什么要采用重合闸后加速？

答：当无压鉴定重合闸将断路器重合于永久性故障线路上时，采用重合闸后加速的保护便无时限动作，使断路器立即跳闸。这样可以避免扩大事故范围，利于系统的稳定，并且可以使电气设备免受损坏。

138. 为什么全线敷设电缆线路重合闸不投运?

答：全线敷设电缆的线路，一般不装设自动重合闸，这是因为电缆线路故障多为永久性故障。

139. 备用电源自投入装置与自动重合闸在时间上如何配合？

答：进线备投，备自投动作跳运行断路器的时间，进线自投跳闸延时 $\geqslant \Delta t+$ 线路对侧保护Ⅱ段时间 + 线路对侧重合闸时间。

一般情况下，线路瞬时故障应先由线路自动重合闸恢复供电。特殊情况下（如该站供电负荷对断电时间有特殊要求），若系统允许可将时间缩短。

140. 为什么自投装置的启动回路要串联备用电源电压继电器的有压触点？

答：为了防止在备用电源无电时自投装置动作，而投在无电的设备上，并在自投装置的启动回路中串入备用电源电压继电器的有压触点，用以检查备用电源确有电压，保证自投装置动作的正确性，同时也加快了自投装置的动作时间。

141. 为什么220kV及以上系统要装设断路器失灵保护，其作用是什么？

答：220kV以上的输电线路一般输送的功率大，输送距离远，为提高线路的输送能力和系统的稳定性，往往采用分相断路器和快速保护。由于断路器存在操作失灵的可能性，当线路发生故障而断路器又拒动时，将给电网带来很大威胁，故应装设断路器失灵保护装置，有选择地将失灵拒动的断路器所在（连接）母线的断路器断开，以减少设备损坏，缩小停电范围，提高系统的安全稳定性。

142. 简述在双母线方式下，断路器失灵保护的原理。

答：在双母线方式下，失灵保护装置收到故障设备保护动作接点未返回，同时失灵保护装置检测到还有故障电流，装置处于启动状态。此时经过 t_0 时间保护重跳失灵断路器，并输出失灵保护启动触点与母线复合电压一起进行判别是否满足失灵出口条件，如果复合电压开放，则经过 t_1 时间跳开母联断路器，经过 t_2 时间切除故障母线（$t_1 < t_2$）。对于双母线方式，失灵保护装置应通过母线隔离开关的开入来选择故障母线。

143. 请解释为什么双母线接线的断路器失灵保护要以较短时限先切母联断路器，再以较长时限切故障母线上的所有断路器?

答：双母线接线方式的断路器失灵时，失灵保护动作后，先跳开母联断路器和分段断路器，以第二延时跳开失灵断路器所在母线的其他所有断路器。

先跳开母联断路器和分段断路器，主要是为了尽快将故障隔离，减少对系统的影响，避免非故障母线线路对侧零序速动段保护误动。

144. 母差保护的保护范围包括哪些设备？

答：母差保护的保护范围为母线各段所有出线断路器的母差保护用电流互感器之间的一次电气部分，即全部母线和连接在母线上的所有电气设备。

145. 为什么在停用 220kV 母差保护过程中要先断开直流电源，后断开交流电源?

答：如果先断开交流电源，此时装置若发生异常，由于交流电源已经断开而失去电压闭锁，可能导致装置误动。

146. 分析 220kV 母联断路器仅副母一侧装电流互感器时母联死区故障，母差保护动作过程?

答：若母联断路器和母联电流互感器之间发生故障，断路器侧母线跳开故障仍然存在，正好处于电流互感器侧母线小差的死区，为提高动作速度，专设了母联死区保护。母联死区保护在差动保护发母线跳闸命令后，母联断路器已经跳开而母联电流互感器仍有电流，且大差比率差动元件及断路器侧小差比率差动元件不返回的情况下，延时跳开另一条母线。

147. 光纤分相电流差动保护有什么优缺点?

答：光纤分相电流差动保护的优点有：

（1）光纤分相电流差动保护以基尔霍夫电流定律为判断故障的依据，原理简单可靠，动作速度快；

（2）光纤分相电流差动保护具有天然的选相能力；

（3）不受系统振荡、非全相运行的影响，可以反映各种类型的故障，是理想的线路主保护；

光纤分相电流差动保护的缺点有:

(1) 要求保护装置通过光纤通道所传送的信息具有同步性;

(2) 对于超高压长距离输电线路，需要考虑电容电流的影响;

(3) 线路经大电阻接地或重负荷、长距离输电线路远端故障时，保护的灵敏度会降低。

148. 接地距离保护有什么特点?

答: 接地距离保护有以下特点:

(1) 可以保护各种接地故障，而只需用一个距离继电器，接线简单。

(2) 可允许很大的接地过渡电阻。

(3) 保护动作速度快，动作特性好。

(4) 受系统运行方式变化的影响小。

149. 同期重合闸在什么情况下不动作?

答: 在以下情况下不动作:

(1) 若线路发生永久性故障，装有无压重合闸的断路器重合后立即断开，同期重合闸不会动作。

(2) 无压重合闸拒动时，同期重合闸也不会动作。

(3) 同期重合闸拒动。

150. 在什么情况下将断路器的重合闸退出运行?

答: 在以下情况下重合闸退出运行:

(1) 断路器的遮断容量小于母线短路容量时，重合闸退出运行。

(2) 断路器故障跳闸次数超过规定，或虽未超过规定，但断路器严重喷油、冒烟等，经调度同意后应将重合闸退出运行。

(3) 线路有带电作业，当值班调度员命令将重合闸退出运行。

(4) 重合闸装置失灵，经调度同意后应将重合闸退出运行。

151. 备用电源自投装置在什么情况下动作?

答: 在因为某种原因工作母线电源侧的断路器断开，使工作母线失去电源的情况，自投装置动作，将备用电源投入。

152. 过流保护为什么要加装低电压闭锁?

答: 过流保护的动作电流是按躲过最大负荷电流整定的，在有些情况下不能满足灵敏度的要求。因此为了提高过流保护在发生短路故障时的灵敏度和改善躲过最大负荷电流的条件，所以在过流保护中加装低电压闭锁。

153. 在什么情况下需要将运行中的变压器差动保护停用?

答: 在以下情况下需将运行中的变压器差动保护停用:

(1) 差动二次回流及电流互感器回路有变动或进行检验时;

(2) 继电保护人员测定差动保护相量图及差压时;

（3）差动电流互感器一相断线或回路开路时；

（4）差动误动作后或回路出现明显异常时。

154. 为什么在三绕组变压器三侧都装过流保护？它们的保护范围是什么？

答：当变压器任意一侧的母线发生短路故障时，过流保护动作。因为三侧都装有过流保护，能使其有选择地切除故障。而无需将变压器停运。各侧的过流保护可以作为本侧母线、线路的后备保护，主电源侧的过流保护可以作为其他两侧和变压器的后备保护。

155. 在什么故障情况下瓦斯保护动作？

答：瓦斯保护可以保护的故障种类为：

（1）变压器内部的多相短路。

（2）匝间短路，绕组与铁芯或与外壳短路。

（3）铁芯故障。

（4）油面下降或漏油。

（5）分接断路器接触不良或导线焊接不牢固。

156. 在什么情况下需将运行中的变压器差动保护停用？

答：变压器在运行中有以下情况之一时应将差动保护停用：

（1）差动保护二次回路及电流互感器回路有变动或进行校验时。

（2）继电保护人员测定差动回路电流相量及差压。

（3）差动保护互感器一相断线或回路开路。

（4）差动回路出现明显的异常现象。

（5）误动跳闸。

157. 变压器的差动保护是根据什么原理装设的？

答：变压器的差动保护是按循环电流原理装设的。在变压器两侧安装具有相同型号的两台电流互感器，其二次采用环流法接线。在正常与外部故障时，差动继电器中没有电流流过，而在变压器内部发生相间短路时，差动继电器中就会有很大的电流流过。

158. 变压器的零序保护在什么情况下投入运行？

答：变压器零序保护应装在变压器中性点直接接地侧，用来保护该侧绕组的内部及引出线上接地短路，也可作为相应母线和线路接地短路时的后备保护，因此当该变压器中性点接地断路器合入后，零序保护即可投入运行。

159. 什么线路装设横联差动方向保护？横联差动方向保护反应的是什么故障？

答：在阻抗相同的两条平行线路上可装设横联差动方向保护。横联差动方向保护反应的是平行线路的内部故障，而不反应平行线路的外部故障。

160. 电压互感器故障对继电保护有什么影响？

答：电压互感器二次回路经常发生的故障包括：熔断器熔断、隔离开关辅助接点接触不良、二次接线松动等。故障的结果是使继电保护装置的电压降低或消失，对于反应电压降低的保护继电器和反应电压、电流相位关系的保护装置，譬如方向保护、阻抗继电器等可能会造成误动和拒动。

161. 对振荡闭锁装置有哪些基本要求？

答：基本要求有：

（1）在电力系统不存在故障而发生振荡时，应将保护闭锁，且振荡不停息闭锁不应解除。

（2）在保护范围内发生短路时，不论系统是否发生振荡，保护装置都能正确动作，将故障切除。

162. 简述电网中备自投装置的主要分类和功能。

答：备自投装置按照投退元件分类可大致分为进线备投和母联备投装置：

（1）进线备投装置主要针对单端单回或双回线供电的变电站，当电源进线故障时，能投入备用电源线路，保证变电站不会失压而损失大量负荷。

（2）母联分段备自投主要针对变电站母线分母运行的情况，两段母线接入不同的电源，当一段母线的电源发生故障而导致母线失压时，投入母联分段断路器，保证两段母线的持续供电。

163. 分析继电保护误动、拒动的原因。

答：（1）误接线。保护装置接线错误，在经受负荷电流、不平衡电流、区外故障、系统电压波动、系统振荡时动作跳闸，或在区内故障时拒动。

（2）误整定。保护整定错误，定值过大、过小或配合不当，造成区外故障时达到定值启动跳闸，或在区内故障时拒动。

（3）保护定值自动漂移。由于温度的影响、电源的影响，以及元器件老化或损坏，使定值产生重大漂移，从而造成保护误动或拒动。

（4）保护装置抗干扰性能差。如果保护装置抗干扰性能差，在发生无线电电磁干扰、高频信号干扰等情况下可能出现误动。

（5）人员误触、误操作保护装置。继电保护或运行人员在保护装置未完全停用的情况下触动保护装置或其内部接线，致使其启动出口跳闸。

（6）保护回路金属物搭接、绝缘击穿或两点接地。保护出口回路金属物搭接、绝缘击穿或两点接地，使正电源可以通过短路点或接地回路直接接通跳闸出口。

四、自动化及辅助设备基础知识

164. “四统一四规范”自动化设备标准的主要内容？

答：四统一：①统一装置外观和接口；②统一装置界面；③统一监控画面图形；④统一主站子站通信服务。

四规范：①规范装置参数配置；②规范系统应用功能；③规范软件版本管理；④规范产品质量控制。

165. “四遥”的概念以及主要采集内容和操作对象？

答：四遥指的是：遥测、遥信、遥控、遥调。

遥测：就是量测量采集，包括电流、电压、功率、功率因数、频率等交流量和各种直流电压、温度等直流量。

遥信：完成断路器、隔离开关等位置信号采集，一、二次设备及回路告警信号采集，本体信号采集、保护动作信号和变压器挡位信息采集。

遥控：完成断路器、隔离开关分、合控制。

遥调：完成变压器挡位调节、发电机输出功率调节。

166. 监控系统中“系统工况信息”的含义是什么？

答：用于反映自动化系统本身运行情况的信息，包括各厂站投入／退出运行、系统各节点运行情况、系统网络运行情况等信息。

167. 什么是检修压板？

答：智能变电站检修压板属于硬压板，检修压板投入时，相应装置发出的SV（采样值）、GOOSE（面向通用对象的变电站事件）报文均会带有检修品质标识，下一级设备将接收的报文与本装置检修压板状态进行一致性比较判断，如果两侧装置检修状态一致，则对此报文做有效处理，否则作无效处理。

168. 什么是软压板？

答：通过装置的软件实现保护功能或自动功能等投退的压板。该压板投退状态应被保存并掉电保持，可查看或通过通信上送。装置应支持单个软压板的投退命令。

169. 什么是变电站自动化系统？

答：变电站自动化系统实现变电站内自动化。它包括智能电子设备和通信网络设施。

170. 什么是交换机？

答：一种有源的网络元件。交换机连接两个或多个子网，子网本身可由数个网段通过转发器连接而成。交换机建立起碰撞域的边界，由交换机分开的子网之间不会发生碰撞，目的地是特定子网的数据包不会出现在其他子网上。为达此目的，交换机必须知道所连各站的硬件地址。在仅有一个有源网络元件连接到交换机一个口情况下，可避免网络碰撞。

171. 智能变电站测控装置应发出哪些表示装置自身状态的信号？

答：装置应能发出装置异常信号、装置电源消失信号、装置出口动作信号，其中装置电源消失信号应能输出相应的报警触点。装置异常及电源消失信号在装置面板上宜直接由LED指示灯显示。

172. 变电站测控装置主要功能有哪些？

答：（1）交直流电气量采集功能。

（2）状态量采集功能。

（3）控制功能（以上三条必须包括）。

（4）同期功能。

（5）防误逻辑闭锁功能。

（6）记录存储功能。

（7）通信功能。

（8）对时功能。

（9）运行状态监测管理功能。

173. 简述变电站计算机监控系统中事件顺序记录（SOE）功能。

答：事件顺序记录（SOE）是以带时标信息的方式记录重要状态信息的变化，为分析电网故障提供依据。SOE 的内容包括遥信对象名称、状态变化和动作时间，包含断路器跳、合闸记录，保护及自动装置的动作顺序记录。SOE 要求具备很高的时间分辨率，一般要求不大于 1ms。SOE 信息保存在监控主机，可随时调用和显示在计算机屏幕上或打印输出。

174. 值班监控员怎样进行在线监测告警信息分析和异常处置?

答：（1）调控中心监控人员对在线监测告警信息进行初步判断，确定告警类型、告警数据和告警设备，并通知运维站进行分析和处理。

（2）值班监控员应对告警设备加强监视，并跟踪告警信息处置情况，必要时通知设备监控管理专业。

（3）值班监控员发现在线监测系统信息中断等异常情况无法正常监视时，应及时通知自动化专业排查处理。

（4）如运维站系统正常，值班监控员应将监视职责移交运维站，并做好录音和记录。

（5）设备监控管理专业每月对在线监测告警信息及处置情况进行分析。

175. 监控系统出现数据不刷新应如何处理?

答：（1）单个单元数据不刷新：一般由测控单元失电或故障、电压互感器 / 电流互感器回路异常、通信中断等原因引起，监控人员应通知通信及运维站人员进行检查。

（2）单个变电站所有数据不刷新：一般由远动装置及通道异常等原因引起，监控员应与自动化人员联系，了解故障站前置机数据是否更新，若站端数据刷新，通知自动化人员处理；若站端数据不更新，则应通知通信人员和自动化人员检查主站端设备，同时通知运维站联系检修人员检查站端设备。

176. 分布式电源项目关于调度自动化信息上传的要求有哪些?

答：10kV 接入的分布式电源项目：上传并网设备状态、并网点电压、电流、有功功率、无功功率和发电量等实时运行信息。

380V 接入的分布式电源项目：只需上传发电量信息，条件具备时，预留上传并网点断路器状态能力。

177. 什么是调度自动化主站 SCADA 子系统？

答：SCADA（Supervisory Control and Data Acquisition）包括数据采集、数据传输及处

理、计算与控制、人机界面及告警处理等。

178. 什么是调度自动化主站 AGC/EDC 子系统？

答：自动发电控制和在线经济调度（Automatic Generation Control/Economic Dispatch Control）是对发电机出力的闭环自动控制系统，不仅能够保证系统频率合格，还能保证系统间联络线的功率符合合同规定范围，同时，还能使全系统发电成本最低。

179. 什么是调度自动化主站 PAS 子系统？

答：PAS（Power system Application Software）包括网络建模、网络拓扑、状态分析、调度员潮流、静态安全分析、无功优化及短期符合预报等一系列高级应用软件。

180. 什么是调度自动化主站 DTS 子系统？

答：DTS（Dispatcher Training Simulator）包括电网仿真、SCADA/EMS 系统仿真和教员控制机三部分。调度员仿真培训 DTS 与实时 SCADA/EMS 系统共处于一个局域网上，DTS 一般由服务器、工作站及一些外设组成。

181. 什么是 KVM 系统？

答：KVM（Keyboard Video Mouse）是指 KVM 交换机通过直接连接键盘、视频和鼠标端口，直接访问位于多个远程位置的服务器和设备。

182. 什么是自动化联调？

答：指变电设备投产运行前，监控、自动化、厂站三方对厂站上送数据信号等进行联合调试，确保数据信号上送的正确性。

183. 什么是自动化前置应用？

答：指调度自动化系统中实时数据输入、输出的中心，主要承担了调度中心与各厂站之间，各个上下级调度中心之间，与其他系统之间以及与调度中心内的后台系统之间的实时数据通信处理任务，是不同系统间实时信息沟通的桥梁。

184. 什么是自动化规约？

答：自动化规约指规定自动化信息传输的方式，以及规定实现数据收集、监视、控制的信息传输的具体步骤。通常有 CDT 规约、101 规约、104 规约等。

185. 什么是自动化通道切换？

答：指值班通道遇到故障时，需要自动或人工在通道之间进行切换，保证数据的正常传输。

186. 自动化数据封锁和数据置数的区别是什么？

答：数据封锁是将某数据固定在设定值，封锁后不再变动；数据置数：将某数据设置为特定值后，当厂站上送的该数据刷新时，设置的特定值会被刷新为实时值。

187. 什么是远动？

答：应用通信技术对远方的运行设备进行监视和控制，以实现远程测量、远程信号、远程控制和远程调节等各种功能。

188. 什么是测控（装置）？

答：测控（装置）指实现保护、测量、控制、监测、通信、事件记录、故障录波、操作防误等多种功能的装置。

189. 什么是远方就地信号？

答：远方就地信号能够显示断路器是否处在可遥控状态。此信号来自断路器柜上的远方就地切换断路器，可以实现断路器远方遥控操作和就地操作（变电站）之间的切换。

190. 测控的“远方 / 就地”和断路器机构的“远方 / 就地”有什么区别?

答：测控的“远方 / 就地”只影响远方的遥控命令，测控无论是“远方”还是“就地”均不影响保护跳闸。断路器的“远方 / 就地”则不然，只有在“远方”才能保证控制回路完好，在“就地”方式会切断一切经操作箱来的分合闸命令，只接受断路器机构的分合闸命令。所以，正常运行的断路器决不允许处于“就地”控制方式。

191. 什么是数据网？

答：电力调度数据网络，是指各级电力调度专用广域数据网络、电力生产专用拨号网络等。

192. 什么是安防设备？

答：指防止通过外部边界发起的攻击和侵入，尤其是防止由攻击导致的一次系统事故以及二次系统崩溃的安全防护设备，通常有横向隔离、纵向加密、防火墙等装置。

五、智能变电站基础知识

193. 什么是智能变电站?

答：智能变电站是指采用先进、可靠、集成、低碳、环保的智能设备，以全站信息数字化、通信平台网络化、信息共享标准化为基本要求，自动完成信息采集、测量、控制、保护、计量和监测等基本功能，并可根据需要支持电网实时自动控制、智能调节、在线分析决策、协同互动等高级功能的变电站。

194. 智能变电站与常规变电站相比有哪些主要技术优势？

答：智能变电站能够完成比常规变电站范围更宽、层次更深、结构更复杂的信息采集和信息处理，变电站内、站与调度、站与站之间、站与大用户和分布式能源的互动能力更强，信息的交换和融合更方便快捷，控制手段更灵活可靠。智能变电站设备具有信息数字化、功能集成化、结构紧凑化、状态可视化等主要技术特征，符合易扩展、易升级、易改造、易维护的工业化应用要求。

195. 智能化高压设备的基本构成和技术特征是什么？

答：智能化高压设备是一次设备和智能组件的有机结合体，智能化的主要对象包括变压器、断路器和高压组合电器等。智能化高压设备可由三个部分构成：①高压设备。②传感器或控制器，内置或外置于高压设备本体。③智能组件，通过传感器或控制器，与高压设备形成有机整体，实现与宿主设备相关的测量、控制、计量、监测、保护等全部或部分功能。

智能化高压设备具有以下技术特征：

（1）测量数字化。对高压设备本体或部件进行智能控制所需要的设备参量进行就地数字化测量，测量结果可根据需要发送至站控层网络或过程层网络。所测量的设备参量包括变压器油温、有载分接断路器的分接位置，断路器设备分、合闸位置等。

（2）控制网络化。对有控制需求的设备或设备部件实现基于网络的控制。如变压器冷却器、有载分接断路器，断路器设备的分、合闸操作等。

（3）状态可视化。基于自监测信息和经由信息互动获得的设备其他信息，以智能电网其他相关系统可辨识的方式表述自诊断结果，使设备状态在电网中是可观测的。

（4）功能一体化。在满足相关标准要求的情况下，智能高压设备可进行功能一体化设计。

（5）信息互动化。包括与调度系统交互和与设备运行管理系统互动。

196. 智能站继电保护系统由哪些构成？

答：由继电保护装置、合并单元、智能终端、交换机、通道、二次回路等构成，实现继电保护功能的系统。

197. 什么是智能站的间隔？

答：变电站是由一些紧密连接、具有某些共同功能的部分组成的。例如，进线或者出线与母线之间的断路器设备，由断路器、隔离开关及接地断路器构成的母线连接设备，位于两个不同电压等级母线之间的变压器及有关断路器设备。

通过将一次断路器和相关设备分组，形成虚拟间隔，间隔概念便可适用于3/2断路器接线和环形母线等变电站配置。间隔构成电网一个受保护的子部分，例如，一台变压器或一条线路的一端。间隔还包含具有某些共同约束的对应断路器设备的控制，如互锁或者定义明确的操作序列。这些部分的识别区分对于维护（目的是当这些部分同时断开时，对变电站其余部分影响最小）或扩展计划（如果增加一条新线路，哪些部分须增加）非常重要。这些部分称为间隔，并且由那些统称为“间隔控制器”的装置管理，配有成套保护，称为“间隔保护”。

198. 什么是远方终端？

答：远方终端是指远方站内安装的远动设备。主要完成数据信号的采集转换处理，并按照规约格式要求向主站发送信号，接收主站发来的询问、召唤和控制信号，实现控制信号的返送校核并向设备发出控制信号，完成远动设备本身的自检、自启动等。在需要的时候并可担负适当的当地功能，例如：当地显示（数字显示或屏幕显示）、打印（正常打印或事故打印）、报警等。

199. 什么是断链时间?

答：GOOSE 接收方用于判断链路中断的时间，在允许生存时间的 2 倍时间内没有收到下一帧 GOOSE 报文即判断为中断。

200. 什么是一体化监控系统?

答：校照全站信息数字化、通信平台网络化、信息共享标准化的基本要求，通过监控主机、数据服务器、远动网关机、综合应用服务器等设备实现全站信息的统一接入、统一存储和统一展示，实现系统运行监视、操作与控制、综合信息分析与智能告警、运行管理和辅助应用等功能。

201. 什么是智能电子设备?

答：包含单个或多个处理器，可接收来自外部源的数据，或向外部发送数据，或进行控制的装置，例如，电子多功能仪表、数字保护、控制器等。为具有一个或多个特定环境中特定逻辑接点行为且受制于其接口的装置。

202. 什么是电子式互感器？

答：电子式互感器是一种装置，由连接到传输系统和二次转换器的 1 个或多个电流（或电压）传感器组成，用于传输正比于被测量的量，以供给测量仪器、仪表和继电保护或控制装置。电子式互感器是实现变电站运行实时信息数字化的主要设备之一，在电网动态观测、提高继电保护可靠性等方面具有重要作用，是提高电力系统运行控制的整体水平的基础。电子式互感器由一次部分、二次部分和传输系统构成，与传统电磁感应式互感器相比，电子式互感器具有以下优点：①高低压完全隔离，具有优良的绝缘性能；②不含铁芯，消除了磁饱和及铁磁谐振等问题；③动态范围大，频率范围宽，测量精度高；④抗电磁干扰性能好，低压侧无开路和短路危险；⑤互感器无油，可以避免火灾和爆炸等危险，体积小，重量轻。

203. 电子式互感器主要有哪几种类型？

答：按被测参量类型分，电子式互感器分为电子式电流互感器（ECT）和电子式电压互感器（EVT）。电子式电流互感器（ECT）在正常适用条件下，其二次转换器的输出实质上正比于一次电流，且相位差在联结方向正确时接近于已知相位角。电子式电压互感器（EVT）在正常适用条件下，其二次电压实质上正比于一次电压，且相位差在联结方向正确时接近于已知相位角。按照高压侧是否需要供能分为无源式电子式互感器和有源式电子式互感器。无源式 ECT 主要是利用法拉第（ Faraday）磁光感应原理，可分为全光纤式和磁光玻璃式。有源式 ECT 主要利用电磁感应原理，可分为罗氏（Rogowski）线圈式和“罗氏线圈 + 小功率线圈”组合两种形式。无源式 EVT 主要应用泡克耳斯（ Pockels）效应和逆压电效应两种原理。有源式 EVT 则主要采用电阻、电容分压和阻容分压等原理。

204. 什么是二次转换器?

答：一种装置，将传输系统传送的信号转换为供给测量仪器、仪表和继电保护或控制装置的量，该量与一次端子电压或电流成正比。

205. 变电站信息传输中 GOOSE 和 SV 的含义是什么？

答：GOOSE（Generic Object-Oriented Substation Event）是一种面向通用对象的变电站事件。主要用于实现在多个智能电子设备（IED）之间的信息传递，包括传输跳合闸、联闭锁等多种信号（命令），具有高传输成功概率。SV（Sampled Value）即采样值，它基于发布订阅机制，交换采样数据集中的采样值的相关模型对象和服务，以及这些模型对象和服务到 ISO/EC 8802-3 帧之间的映射。

206. 工程应用中，GOOSE 通信机制中报文优先级如何分类?

答：在工程应用中，GOOSE 报文优先级按照由高到低的顺序定义如下：

（1）最高级：电气量保护跳闸，非电气量保护跳闸，保护闭锁信号。

（2）次高级：非电气量保护信号，遥控分合闸，断路器位置信号。

（3）普通级：隔离开关位置信号，一次设备状态信号。

207. 哪些信息通过 GOOSE 传输？哪些信息通过 MMS（制造报文规范）传输?

答：MMS 报文主要用于传输站控层与间隔层之间的客户端 / 服务器端服务通信，传输带时标信号（SOE）、测量、文件、定值、控制等总传输时间要求不高的信息。

GOOSE 报文主要用于传输间隔层与过程层之间的跳闸信息，间隔层各装置之间的失灵、联闭锁等对总传输时间要求高的简单快速信息。

208. GOOSE 开入软压板设置原则是什么?

答：根据《智能变电站通用技术条件》，GOOSE 开入软压板除双母线和单母线接线启动失灵、失灵联跳开入软压板设在接收端外，皆应设在发送端。

209. 智能变电站保护双重化的要求是什么？

答：220kV 及以上电压等级的继电保护及与之相关的设备、网络应按照双重化原则进行配置，双重化配置的继电保护应遵循以下要求：

（1）每套完整、独立的保护装置应能处理可能发生的所有类型的故障。两套保护之间不应有任何电气联系，当一套保护异常或退出时不应影响另一套保护的运行。

（2）两套保护的电压（电流）采样值应分别取自相互独立的合并单元。

（3）双重化配置的合并单元应与电子式互感器两套独立的二次采样系统一一对应。

（4）双重化配置保护使用的 GOOSE（SV）网络应遵循相互独立的原则，当一个网络异常或退出时不应影响另一个网络的运行。

（5）两套保护的跳闸回路应与两个智能终端分别一一对应：两个智能终端应与断路器的两个跳闸线圈分别一一对应。

（6）双重化的线路纵联保护应配置两套独立的通信设备（含复用光纤通道、独立纤芯、微波、载波等通道及加工设备等），两套通信设备应分别使用独立的电源。

（7）双重化的两套保护及其相关设备（电子式互感器、合并单元智能终端、网络设备、跳闸线圈等）的直流电源应一一对应。

（8）双重化配置的保护应使用主、后一体化的保护装置。

210. 简述 220kV 智能变电站线路保护的配置方案。

答：每回线路应配置两套包含有完整的主、后备保护功能的线路保护装置。合并单元、智能终端均应采用双套配置，保护采用安装在线路上的 ECVT 获得电流电压。用于检同期的母线电压由母线合并单元，点对点通过间隔合并单元转接给各间隔保护装置。

线路间隔内应采用保护装置与智能终端之间的点对点直接跳闸方式，保护应直接采样。跨间隔信息（启动母差失灵功能和母差保护动作远跳功能等）采用 GOOSE 网络传输方式。

211. 简述 220kV 智能变电站母线保护的配置方案。

答：母线保护按双重化进行配置，各间隔合并单元、智能终端均采用双重化配置。采用分布式母线保护方案时，各间隔合并单元、智能终端以点对点方式接入对应子单元。

母线保护与其他保护之间的联闭锁信号 [失灵启动、母联（分段）断路器过电流保护启动失灵、主变压器保护动作解除电压闭锁等] 采用 GOOSE 网络传输。

212. 简述 220kV 智能变电站变压器保护的配置方案。

答：保护按双重化进行配置，各侧合并单元、智能终端均应采用双套配置。非电量保护应就地直接电缆跳闸，现场配置变压器本体智能终端上传非电量动作报文和调挡及接地断路器控制信息。

213. 简述智能变电站 110kV 线路保护的配置方案。

答：每回线路宜配置单套完整的主、后备保护功能的线路保护装置。合并单元、智能终端均采用单套配置，保护采用安装在线路上的 ECVT 获得电流电压。

214. 简述 110kV 智能变电站变压器保护的配置方案。

答：变压器保护宜双套进行配置，双套配置时应采用主、后备保护一体化配置。若主、后备保护分开配置，后备保护宜与测控装置一体化。

当保护采用双套配置时，各侧合并单元、各侧智能终端者宜采用双套配置。变压器非电量保护应就地直接电缆跳闸，现场配置本体智能终端上传非电量动作报文和调挡及接地断路器控制信息。

215. 简述 110kV 智能变电站分段（母联）保护的配置方案。

答：分段保护按单套配置，110kV 宜保护、测控一体化。110kV 分段保护跳闸采用点对点直跳，其他保护（主变压器保护）跳分段采用 GOOSE 网络方式。

35kV 及以下等级的分段保护宜就地安装，保护、测控、智能终端、合并单元一体化，装置应提供 GOOSE 保护跳闸接口（主变压器跳分段），接入 110kV 过程层 GOOSE 网络。

216. 简述智能变电站 66kV、35kV 及以下间隔保护的配置方案。

答：66kV、35kV 及以下间隔保护采用保护测控一体化设备，按间隔单套配置。

当一次设备采用断路器柜时，保护测控一体化设备安装于断路器柜内。宜使用常规互感器、电缆直接跳闸。

217. 智能变电站的交直流二次回路相对于常规变电站有什么优点?

答：采用了电子式互感器的智能变电站相对于常规站，交流采样回路完全取消，因此不会出现电流回路二次开路、电压回路二次短路接地，以及由于电流互感器本身特性原因造成死区、饱和等导致的保护无法正确动作现象。

采用了 GOOSE 报文的智能变电站相对于常规站来说，除直流电源以及一次设备与智能终端外，所有的直流电缆均取消。从工程建设方面来看，电缆的减少意味着工程建设量及成本的下降，同时电缆的减少也使得直流接地发生的概率大大降低。

另外，原有常规电缆回路接线正确及可靠性只能通过试验来验证，GOOSE 报文具备实时监测功能，能够实时监测回路的通断，具有明显的技术优势，方便了状态检修的开展。

218. 智能变电站保护装置有哪几块硬压板？

答：硬压板有远方操作压板和检修压板两块。

219. 智能变电站继电保护装置应支持上送的信息有哪些？主动上送的信息包括哪些?

答：装置应支持上送采样值、断路器量、压板状态、设备参数、定值区号及定值、自检信息、异常告警信息、保护动作事件及参数（故障相别、跳闸相别和测距）、录波报告信息、装置硬件信息、装置软件版本信息、装置日志信息等数据。

智能变电站继电保护设备主动上送的信息应包括断路器量变位信息、异常告警信息和保护动作事件信息等。

220. 智能变电站保护装置应支持远方召唤至少最近几次录波报告的功能?

答：Q/GDW 1808—2012《智能变电站继电保护通用技术条件》规定，保护装置应支持远方召唤至少最近 8 次录波报告的功能。

221. 保护装置检修压板投入而智能终端检修压板未投时，保护装置是否能正常跳闸？为什么?

答：保护能够正常动作并发出带有跳闸信息的 GOOSE 报文，但一次断路器不会跳闸动作。因为此时保护跳闸的 GOOSE 报文中带有检修状态的 TEST 品质位，而作为接收和响应该 GOOSE 跳闸报文的智能终端装置的检修压板未投入，收、发两侧检修状态不一致，此时智能终端对本次动作不做任何响应，跳闸出口继电器不动作，断路器不会跳闸。

222. 智能变电站装置应提供哪些反映本身健康状态的信息？

答：智能变电站装置应提供以下反映本身健康状态的信息:

（1）该装置订阅的所有 GOOSE 报文通信情况，包括链路是否正常（如果是多个接口接收 GOOSE 报文的是否存在网络风暴），接收到的 GOOSE 报文配置及内容是否有误等。

（2）该装置订阅的所有 SV 报文通信情况，包括链路是否正常，接收到的 SV 报文配置及内容是否有误等。

（3）该装置自身软、硬件运行情况是否正常。

223. 各级调控中心应按什么原则对智能变电站内的继电保护系统及其中的各设备、回路纳入调度管理范围?

答：按照以下原则：

（1）各级调控中心应按照一次设备的调度管辖范围，将智能变电站内的继电保护系统及其中的各设备、回路纳入调度管理范围。

（2）智能终端、按间隔配置的过程层网络交换机及相应网络，按对应间隔的调度关系进行调度管理。

（3）过程层网络中跨间隔的公用交换机及相应网络，由交换机所接智能电子设备的最高调控中心进行调度管理。

（4）互感器的采集单元、合并单元按对应互感器进行调度管理。接入多组互感器采集量的公用合并单元，由合并单元所接互感器的最高调控中心进行调度管理。

（5）多功能体化设计的智能组件、智能电子设备，含有继电保护功能模块的，按继电保护设备进行调度管理。

224. 智能变电站继电保护有哪几种运行状态？分别如何定义？

答：装置运行状态分“跳闸”“信号”和“停用”三种，定义如下：

（1）跳闸：保护装置电源投入，功能软压板投入，GOOSE 出口及 SV 接收等软压板投入，保护装置检修压板取下。

（2）信号：保护装置电源投入，功能软压板、SV 接收软压板投入，GOOSE 出口软压板退出，保护装置检修压板取下。

（3）停用：功能软压板、GOOSE 出口软压板退出，保护装置检修压板放上，保护装置电源关闭。

225. 智能终端有哪几种运行状态？分别如何定义?

答：智能终端运行状态分“跳闸”“停用”两种，定义如下：

（1）跳闸：装置电源投入，跳合闸出口硬压板放上，检修压板取下。

（2）停用：跳合闸出口硬压板取下，检修压板放上，装置电源关闭。

226. 合并单元有哪几种运行状态？分别如何定义?

答：合并单元运行状态分“跳闸”“停用”两种，定义如下：

（1）跳闸：装置电源投入，检修压板取下。

（2）停用：检修压板放上，装置电源关闭。

227. 智能变电站继电保护设置哪些总信号？如何对其分别进行区分及处理?

答：智能变电站继电保护应设置“保护动作”“装置故障”“运行异常”三个总信号，由各装置内部具体条件启动，同时，“装置故障”“运行异常”总信号还提供硬接点输出。

装置故障与装置告警信号含义区分及处理方法如下：

（1）“装置故障”动作，说明保护发生严重故障，装置已闭锁，应立即汇报调度将保护装置停用。

(2)“运行异常”动作，说明保护发生异常现象，未闭锁保护，装置可以继运行，运行人员需立即查明原因，并汇报相关调度确认是否需停用保护装置。

228. 现场运维人员通过监控系统对保护装置做哪些操作？后台切换定值区操作顺序是什么?

答：现场运维人员可以通过监控系统实现智能变电站继电保护装置的有“软压板投退”“切换定值区”“保护复归”“检查定值和打印定值”“检查采样值和道退状态”等操作。通过后台切换保护定值区时，按调度规定将保护改“信号”状态后，切换定值区、核对定值，再将保护改“跳闸”状态。

229. 智能变电站继电保护压板操作有哪些规定？

答，正常情况下，智能变电站继电保护装置软压板遥控操作在监控后台实现。在保护装置与监控后台通信中断时，若急需对保护软压板进行操作，可允许就地操作，就地操作时，应防止误入间隔，并仔细核对装置和压板命名。

保护装置检修压板（硬)、远方操作压板（硬)、远方修改定值压板、远方投退压板、远方切换定值区压板只能实现就地操作，检修压板操作后，应检查保护装置开入变位报文及相关指示灯，防止无效操作。

230. 智能变电站扩建间隔保护软压板遥控试验时应如何采取安全措施?

答：智能变电站扩建间隔保护软压板遥控试验时，为防止监控后台配置错误而造成误遥控运行间隔一次设备或二次装置，试验时，应将全变电站运行间隔的测控装置就地状态；保护装置取下“远方操作”硬压板，以防止遥控试验误遥控软压板或误修改定值。

231. 智能变电站继电保护设备缺陷分为哪几级? 分别列举五种以上。

答：智能变电站继电保护设备缺陷按严重程度和对安全运行造成的威胁大小，分为危急、严重、一般三个等级。

以下缺陷属于危急缺陷：

(1) 二次转换器（SC）异常。

(2) 合并单元故障。

(3) 交流光纤通道故障。

(4) 开入量异常变位，可能造成保护不正确动作的。

(5) 保护装置故障或异常退出。

(6) 过程层交换机故障。

(7) GOOSE、SV 断链。

(8) 光功率发生变化导致装置闭锁。

(9) 智能终端故障。

(10) 控制回路断线或控制回路直流消失。

(11) 其他直接威胁安全运行的情况。

以下缺陷属于严重缺陷：

（1）保护通道异常，如 3dB 告警等。

（2）保护装置只发异常或告警信号，未闭锁保护。

（3）录波器装置故障、频繁启动或电源消失。

（4）保护装置液晶显示屏异常。

（5）操作箱指示灯不亮但未发控制回路断线。

（6）保护装置动作后报告打印不完整或无事故报告。

（7）就地信号正常，后台或中央信号不正常。

（8）母线保护隔离开关辅助触点开入异常，但不影响母线保护正确动作。

（9）无人值守站的保护信息通信中断。

（10）频繁出现又能自动复归的缺陷。

（11）其他可能影响保护正确动作的情况。

以下缺陷属于一般缺陷：

（1）时钟装置失灵或时间不对，保护装置时钟无法调整。

（2）保护屏上按钮接触不良。

（3）有人值守站的保护信息通信中断。

（4）能自动复归的偶然缺陷。

（5）其他对安全运行影响不大的缺陷。

232. 怎样进行智能变电站继电保护 GOOSE 断链告警初步判断与处理?

答：监控后台发 GOOSE 断链告警信号时，现场根据 GOOSE 二维表做出判断，同时结合网络分析仪进行辅助分析确定故障点，判断 GOOSE 断链告警是否误报，若无误报，确定 GOOSE 断链是由于发送方故障引起或接收方、网络设备等引起。进行现场检查，并按现场运行规程进行处理。

233. 智能变电站 220kV 母差保护发“隔离开关位置报警”时，应如何处理?

答：现场运行人员应立即检查相应隔离开关实际位置，确认隔离开关位置异常的支路，并通过软压板强制使能该支路正确隔离开关位置，检修结束后将软压板强制使能取消。

234. 智能变电站故障录波器记录哪些报文？连续记录的时间有哪些要求?

答：智能变电站故障录波器应能记录过程层 SV 网络原始报文、GOOSE 原始报文和 MMS 网络原始报文。SV 网络原始报文至少可以连续记录 24h，GOOSE 原始报文和 MMS 网络原始报文至少可以连续记录 14d。

235. 智能变电站故障录波器触发记录的启动判断有哪些?

答：智能变电站故障录波器触发记录的启动判据有：电压突变、电压越限、负序电压越限、零序电压越限、谐波电压越限、电流突变、电流越限、负序电流越限、零序电流越限、频率越限、逆功率、过励磁、变压器差流越限、直流电压突电量、直流电流突变量、断路器量变位、手动、远方启动。

236. 变电站智能化改造主要包括哪些内容？

答：变电站智能化改造应遵循安全可靠、经济适用、标准先行、因地制宜的原则，主要改造内容如下：

（1）常规变电站智能化改造。通过改造，实现一次主设备状态监测，信息建模标准化，信息传输网络化，高级功能和辅助系统智能化。一次系统改造方面，对变电站关键一次设备增设状态监测功能单元，完成一次设备状态的综合分析评价，分析结果宜通过符合 DL/T 860《变电站通信网络和系统》标准的服务上传，与相关系统实现信息互动。二次系统改造方面，现阶段保护采用直采直跳方式，全站实现通信协议标准化，站控层功能应进一步完善，根据需求增加智能高级应用。

（2）数字化变电站智能化改造。通过改造，实现一次主设备状态监测，高级功能和辅助系统智能化。数字化变电站智能化改造宜保持现有过程层数字化应用水平，保护已实现网络跳合闸的可暂不进行改造。改造的重点是智能高级应用、一次设备和辅助设备的智能化改造。一次设备改造方面，在智能单元增加关键一次设备状态监测功能，完成一次设备状态的综合分析评价，分析结果宜符合 DL/T 860 标准的服务上传，与相关系统实现信息互动。二次系统改造方面，间隔层优化整合设备功能，简化二次接线及网络；站控层功能、智能高级应用和辅助设备智能化改造同常规站改造。

237. 请论述智能变电站中保护装置直接采样的优点。

答：目前智能变电站中保护装置采样通常两种方式：直接采样和网络采样。网络采样由于网络传输延时不固定，所以对于多间隔的保护而言，不同间隔合并单元需要依赖外部同步源进行同步，当外部同步源异常或者丢失时，由于各个间隔合并单元数据不同步，保护则会闭锁。而直接采样的数据延时固定，所有多间隔数据可以在保护装置内通过软件差值的方法实现同步，这样保护装置不依赖于外部同步源，提供保护装置的可靠性。

238. 合并单元的功能是什么？

答：合并单元（MU）是过程层的关键设备，是对来自二次转换器的电流和 / 或电压数据进行时间相关组合的物理单元。合并单元可以是互感器的一个组成件，也可以是一个分立单元。

合并单元的输入由数字信号组成，包括采集器输出的采样值、电源状态信息及变电站同步信号等，通过高速光纤接口接入合并单元。在合并单元内对输入信号进行处理，同时合并单元通过光纤向间隔层智能电子设备（IED）输出采样合并数据。

239. 什么是合并单元额定延时?

答：从电流或电压量输入的时刻到数字信号发送时刻之间的时间间隔。

240. 简述合并单元电压切换功能检验方法。

答：给 MU 加上两组母线电压，通过 GOOSE 网给 MU 发送不同的隔离开关位置信号，检查切换功能是否正确。

241. 列出两种以上接线形式下的母线合并单元配置方案。

答：对于单母线接线，一台母线电压合并单元对应一段母线；

对于双母线接线，一台母线电压合并单元宜同时接收两段母线电压；

对于双母线单分段接线，一台母线电压合并单元宜同时接收三段母线电压；

对于双母线双分段接线，宜按分段划分为两个双母线来配置母线电压合并单元。

242. 简述合并单元 SV 总告警触发机制。

答：SV 发送任一通道品质异常或无效均会触发 SV 总告警，产生原因包括配置错误、级联异常、采样异常、装置故障。

243. 合并单元的同步机制是什么?

答：合并单元在外部时钟从无到有的过程中调整，其采样周期的调整及同步标志的置位时刻将影响到后续保护的动作特性。因此一般要求合并单元时钟同步信号从无到有变化过程中，其采样周期调整步长应不大于 1μs。为保证与时钟信号快速同步，允许在秒脉冲（PPS）边沿时刻采样序号跳变一次，但必须保证采样值发送间隔离散值小于 10μs（采样率为 4kHz），同时合并单元输出的数据帧同步位由不同步转为同步状态。

244. 简述合并单元电压（隔离开关的硬开入或 GOOSE 开入）切换后母线电压的三种状态。

答：

Ⅰ母隔离开关	Ⅱ母隔离开关	切换后电压
合	分	Ⅰ母电压
分	合	Ⅱ母电压
合	合	保持原状态
分	分	输出电压为 0

245. 什么是智能终端? 简述智能终端的功能。

答：智能终端是一种智能组件，与一次设备采用电缆连接，与保护、测控等二次设备采用光纤连接，实现对一次设备（例如，断路器、隔离开关、主变压器等）的测量、控制等功能。具体功能如下：

（1）断路器量和直流模拟量采集功能。

（2）控制输出功能。

（3）操作箱功能。

（4）GOOSE 通信功能。

（5）接收时钟同步功能。

（6）自诊断功能。

（7）事件报文记录功能。

246. 智能终端的断路器操作箱功能包含什么?

答：智能终端宜具备断路器操作箱功能，包含分合闸回路、合后监视、重合闸、操作电源监视和控制回路断线监视等功能。断路器防跳、断路器三相不一致保护功能以及各种压力闭锁功能宜在断路器本体操动机构中实现。

247. 主变压器本体智能终端包含哪些功能?

答：主变本体智能终端包含完整的本体信息交互功能（非电量动作报文、调挡及测温等），并可提供用于闭锁调压、启动风冷、启动充氮灭火等出口接点，同时还宜具备就地非电量保护功能；所有非电量保护启动信号均应经大功率继电器重动，非电量保护跳闸通过控制电缆以直跳方式实现。

248. 智能终端的闭锁告警功能包括什么?

答：智能终端应有完善的闭锁告警功能，包括电源中断、通信中断、通信异常、GOOSE 断链、装置内部异常等信号；其中装置异常及直流消失信号在装置面板上宜直接有 LED 指示灯。

249. 智能终端应具有完善的自诊断功能，并能输出装置本身的自检信息，自检项目可包括哪些?

答：智能终端应具有完善的自诊断功能，并能输出装置本身的自检信息，自检项目可包括：出口继电器线圈自检、开入光耦自检、控制回路断线自检、断路器位置不对应自检、定值自检、程序 CRC 自检等。

250. 智能终端发送的 GOOSE 数据集分为两类 GOOSE 数据集，分别包含什么?

答：智能终端发送的 GOOSE 数据集分为两个 GOOSE 数据集，其中一个包含的断路器位置、隔离开关位置等供保护使用；第二个数据集包含各种位置和告警信息，供测控装置使用。

251. 智能终端的双重化配置的具体含义是什么?

答：智能终端的双重化配置是指两套智能终端应与各自的保护装置一一对应，两套操作回路的跳闸硬接点开出应分别对应于断路器的两个跳闸线圈，合闸硬接点则并接至合闸线圈，双重化智能终端跳闸线圈回路应保持完全独立。

252. 智能终端闭锁重合闸的组合逻辑是什么?

答：智能终端闭锁重合闸的组合逻辑有以下两种：

（1）闭锁本套重合闸逻辑为遥合（手合）、遥跳（手跳）、TJR（三跳不启重合闸、启动失灵）、TJF（三跳不启重合闸、不启失灵）、闭锁重合闸开入、本智能终端上电的“或”逻辑。

（2）双重化配置智能终端时，应具有输出至另一套智能终端的闭锁重合闸触点，逻辑为遥合（手合）、遥跳（手跳）、保护闭锁重合闸、TJR、TJF 的“或”逻辑。

253. 智能变电站内如何配置时间同步系统?

答：智能变电站应配置 1 套全站公用的时间同步系统，主时钟应双重化配置，支持北斗系统和GPS系统单向标准授时信号，优先采用北斗系统，时钟同步精度和守时精度满足站内所有设备的对时精度要求。

254. 根据《智能变电站一体化监控系统建设技术规范》的要求，智能变电站一体化监控系统包含哪五类应用功能?

答：(1) 运行监视。

(2) 操作与控制。

(3) 信息综合分析与智能告警。

(4) 运行管理。

(5) 辅助应用。

255. 智能变电站软压板投退一般采用什么方式？

答：远方投退软压板宜采用“选择—返校—执行”方式。

256. 智能变电站中，电气设备操作采用分级操作，分为哪几级?

答：可分为四级：

(1) 第一级，设备本体就地操作，具有最高优先级的控制权。当操作人员将就地设备的“远方 / 就地”切换断路器放在“就地”位置时，应闭锁所有其他控制功能，只能进行现场操作。

(2) 第二级，间隔层设备控制。

(3) 第三级，站控层控制。该级控制应在站内操作员工作站上完成，具有“远方调控 / 站内监控”的切换功能。

(4) 第四级，调度（调控）中心控制，优先级最低。

257. 智能变电站的二次设备状态监视对象包括哪些?

答：监视对象包括合并单元、智能终端、保护装置、测控装置、安稳控制装置、监控主机、综合应用服务器、数据服务器、故障录波器、网络交换机等。

258. 根据《变电站调控数据交互规范》，调控实时数据可分为哪几类，并说明。

答：调控实时数据可分为电网运行数据、电网故障信号、设备监控数据三大类。

(1) 电网运行数据以满足电网调度指挥与电网运行分析需求为主，在原调度远动数据基础上补充变电运行监视数据。采集数据应符合智能电网调度技术支持系统信息模型要求。

(2) 电网故障信号是电力调度值班员判断电网故障及分析处理的依据，主要反映站内断路器或继电保护动作的结果。故障信号应具备典型意义，表达简洁明了，反映具体对象或区域性结果。针对多源或同类故障信号，可采用按电气间隔合并（逻辑或）的方式进行组合。

(3) 设备监控数据包括调控中心监控值班员遥控、遥调操作和设备运行状态信号。依据国家电网有限公司大运行方案有关倒闸操作工作界面的要求，调控中心监控值班员遥控操作的项目有：拉合断路器的单一操作，调节变压器分接断路器，远方投切电容器、电抗器，调度允许的其他遥控操作。

259. 何为智能变电站“三层两网”？

答：智能变电站的三层是站控层、间隔层、过程层，两网是站控层网络和过程层网络。

260. 何为分布式保护？

答：分布式保护面向间隔，由若干单元装置组成，功能分布实现。

261. 何为就地安装保护？

答：在一次配电装置场地内紧邻被保护设备安装的继电保护设备。

262. 智能变电站中“直采直跳”“网采网跳”“直采网跳”是指什么？

答：“直采”就是智能电子设备不经过以太网交换机而以点对点光纤直联方式进行采样传输；“直跳”是指智能电子设备间不经过以太网交换机而以点对点光纤直联方式用GOOSE进行跳合闸信号传输；

“网采”是指智能电子设备之间的SV采样值传输需要通过过程层交换机传输；

“网跳”是指智能电子设备之间的GOOSE跳合闸信号的发出与接收也要通过过程层交换机传输。

263. 依照《智能变电站技术导则》（Q／GDW 383—2009），智能变电站体系结构分为几层？各层包含的设备及具备的功能有哪些？

答：智能变电站分为三层：过程层、间隔层和站控层。

（1）过程层包括变压器、断路器、隔离开关、电流/电压互感器等一次设备及其所属的智能组件以及独立的智能电子装置。

（2）间隔层设备一般指继电保护装置、系统测控装置、监测功能组主IED等二次设备，实现使用一个间隔的数据并且作用于该间隔一次设备的功能，即与各种远方输入/输出、传感器和控制器通信。

（3）站控层包括自动化站级监视控制系统、站域控制、通信系统、对时系统等，实现面向全站设备的监视、控制、告警及信息交互功能，完成数据采集和监视控制（SCADA）、操作闭锁以及同步相量采集、电能量采集、保护信息管理等相关功能。

264. GOOSE报文在智能变电站中主要用以传输哪些实时数据？

答：（1）保护装置的跳、合闸命令。

（2）测控装置的遥控命令。

（3）保护装置间信息（启动失灵、闭锁重合闸、远跳等）。

（4）一次设备的遥信信号（断路器刀闸位置、压力等）。

（5）间隔层的联锁信息。

六、清洁能源基础知识

265. 什么是可再生能源？主要包括哪些？

答：可再生能源是指不会随着本身的转化或人类的利用而日益减少的能源，具有自然的恢复能力，如太阳能、风能、水能、生物质能、海洋能和地热能等。可再生能源发电技术是人类高效利用新能源的形式之一，也是改善环境的重要手段。

266. 什么是风力发电？有什么优缺点？

答：风力发电是指把风的动能转为电能。风能的优点包括：①蕴量巨大；②可以再生；③分布广泛；④没有污染。目前风能利用的局限性包括：①密度低；②不稳定；③地区差异大。

267. 大规模风电接入对电网调控运行有哪些影响？

答：（1）风电机组产生的谐波影响电网的电能质量。

（2）风电机组运行时需要消耗大量无功，造成局部电压不稳定。

（3）风能的变化比较集中，且在时间上的分布与电网负荷需求之间的差异较大，对系统调峰不利。

（4）天气异常时风量比较大，不利于风电设备和电网安全运行。

（5）电网故障情况下，风电机组对系统电压和频率的要求较高，可能引起大规模风电机组脱网，从而扩大电网故障的影响。

268. 什么是风电场接入电网的低电压穿越？

答：风电场接入电网的低电压穿越是指当电网故障或扰动引起风电场并网点的电压跌落时，在一定的电压跌落范围内，风电机组能够保证不脱网连续运行的能力，如图 1-2 所示。

（1）风电场并网点电压跌至 20% 标称电压时，风电场内的风电机组应保证不脱网连续运行 625ms。

（2）风电场并网点电压在发生跌落后 2s 内能够恢复到标称电压的 90% 时，风电场内的风电机组应保证不脱网连续运行。

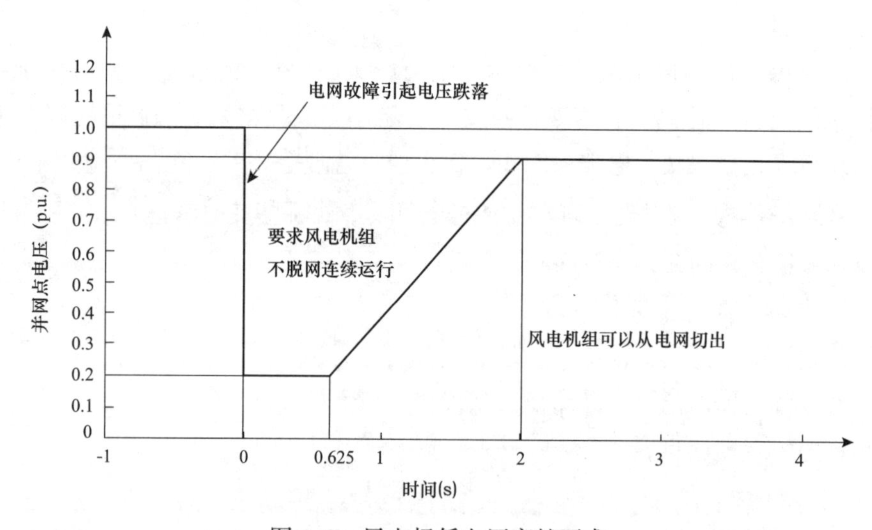

图 1–2　风电场低电压穿越要求

269. 什么是光伏发电？有什么特点？

答：光伏发电是利用半导体界面的光生伏特效应而将光能直接转变为电能的一种技术。

与常用的火力发电系统相比，光伏发电的优点主要体现于：

（1）可以再生；

（2）安全可靠，无噪声，无污染排放；

（3）不受资源分布地域的限制，可利用建筑屋面的优势；

（4）无需消耗燃料和架设输电线路即可就地发电供电；

（5）能源质量高；

（6）建设周期短，获取能源花费的时间短。

但是，太阳能电池板的生产却具有高污染、高能耗的特点，因此光伏发电的缺点包括：

（1）照射的能量分布密度小，即要占用巨大面积；

（2）获得的能源与季节、昼夜及阴晴等气象条件有关；

（3）目前相对于火力发电，发电机会成本高；

（4）光伏板制造过程中不环保。

270. 什么是并网光伏发电系统的低电压穿越？

答：并网光伏发电系统的低电压穿越是指当电力系统事故或扰动引起光伏发电站并网点电压跌落时，在一定的电压跌落范围和时间间隔内，光伏发电站能够保证不脱网连续运行的能力。

（1）光伏发电站并网点电压跌至0时，光伏发电站应能不脱网连续运行0.15s。

（2）光伏发电站并网点电压跌至图1-3曲线1以下时，光伏发电站可以从电网切出。

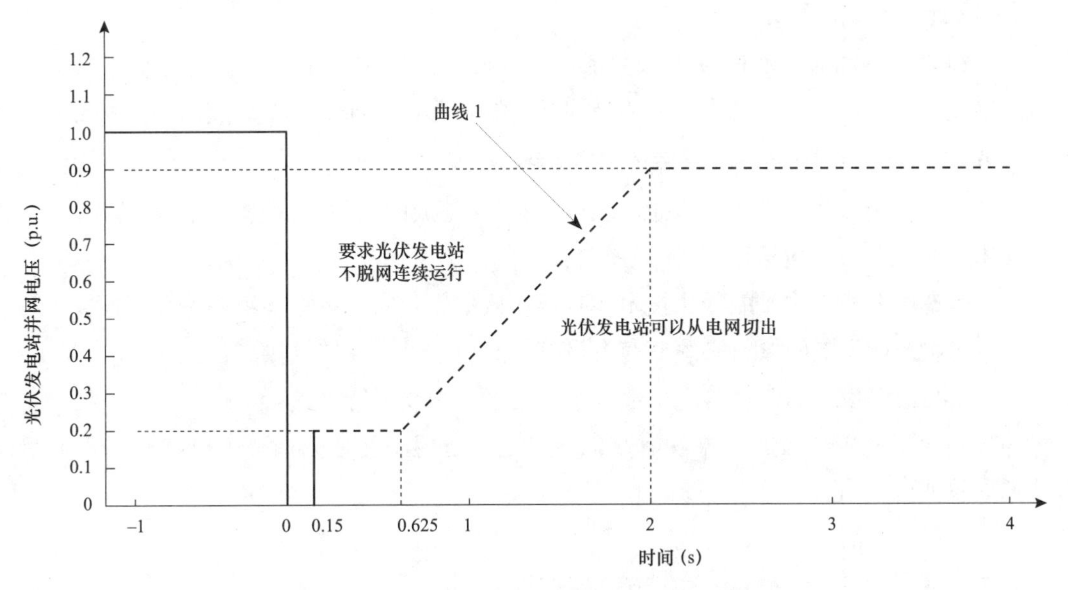

图1–3　并网光伏发电系统的电压曲线

271. 光伏发电系统有哪几种分类？

答：光伏发电系统主要分为独立光伏发电系统与并网光伏发电系统。

（1）独立光伏发电也叫离网光伏发电，主要由太阳能电池组件、控制器、蓄电池组成，若要为交流负载供电，还需要配置交流逆变器。独立光伏电站包括边远地区的村庄供电系统，太阳能用户电源系统，通信信号电源、太阳能路灯等各种带有蓄电池的可以独立运行的光伏发电系统。

（2）并网光伏发电就是太阳能组件产生的直流电经过并网逆变器转换成交流电之后直接接入电网，包括集中式并网光伏电站及分布式光伏发电系统。其中集中式大型并网光伏发电多为国家级电站，主要特点是将所发电能直接输送到电网，由电网统一调配向用户供电；分布式光伏发电系统是指在用户现场或靠近用电现场配置较小的光伏发供电系统，以满足特定用户的需求，支持现存配电网的经济运行，其运行模式是在有太阳辐射条件下，由光伏发电系统供给用户自身负荷，多余或不足的电力通过电网来调节。

272. 什么是海洋能发电？有什么特点？

答：海洋能发电是指利用海洋所蕴藏的能量发电，主要包括潮汐能、波浪能、海流能、海水温差能和海水盐差能等。

海洋能具有以下几项特点：

（1）蕴藏量大且可再生。

（2）能量密度低。

（3）稳定性比其他自然能源好。

（4）开发难度大，对材料和设备的技术要求高。

273. 什么是潮汐能发电？

答：海水在运动时具有的动能和势能统称为潮汐能，潮汐能发电就是利用水轮机将海水潮汐能转化为电能。潮汐能发电分为单库单向式、单库双向式、双库双向式三种形式。

274. 什么是生物质能发电？有什么特点？

答：生物质能发电技术是以生物质及其加工转化成的固体、液体、气体为燃料的热力发电技术。其主要特点包括：

（1）需有配套的生物质能转化技术，且转化设备必须安全可靠、维修保养方便。

（2）生物质能发电的原料必须储存有足够的数量，以保证持续供应。

（3）所用发电设备的装机容量一般较小，且多为独立运行方式。

（4）利用当地生物质能资源发电，就地供电，适用于居住分散、人口稀少、用电负荷较小的农牧业区及山区。

（5）污染小，清洁卫生，有利于环境保护。

275. 什么是分布式电源？包括哪些类型？

答：分布式电源是指在用户所在场地或附近建设安装、运行方式以用户端自发自用为主、多余电量上网，且以配电网系统平衡调节为特征的发电设施或有电力输出的能源综合梯级利用多联供设施。

我国定义的分布式电源主要包括以下五类：

（1）总装机容量 5 万 kW 及以下的小水电站。

（2）以各个电压等级接入配电网的风能、太阳能、生物质能、海洋能、地热能等新能源发电。

（3）除煤炭直接燃烧以外的各种废弃物发电，多种能源互补发电，余热余压余气发电、煤矿瓦斯发电等资源综合利用发电。

（4）总装机容量 5 万 kW 及以下的煤层气发电。

（5）综合能源利用效率高于 70% 且电力就地消纳的天然气热电冷联供等。

第二章　异常故障处置

1. 事故处理的一般原则是什么?

答：电力系统发生事故时，各单位的运行人员在上级值班调度员的指挥下处理事故，并做到如下几点：

(1) 迅速限制事故的发展，消除事故的根源，解除对人身和设备安全的威胁。

(2) 用一切可能的方法保持正常设备的运行和对重要用户及厂用电的正常供电。

(3) 电网解列后要尽快恢复并列运行。

(4) 尽快恢复对已停电的地区或用户供电。

(5) 调整并恢复正常电网运行方式。

2. 变压器事故跳闸的处理原则是什么?

答：变压器事故跳闸一般处理原则：

(1) 检查相关设备有无过负荷问题。

(2) 若主保护（瓦斯、差动等）动作，未查明原因消除故障前不得送电。

(3) 如变压器后备过流保护（或低压过流）动作，在找到故障并有效隔离后，可以试送一次。

(4) 有备用变压器或备用电源自动投入的变电站，当运行变压器跳闸时应先起用备用变压器或备用电源，然后再检查跳闸的变压器。

(5) 如因线路故障，保护越级动作引起变压器跳闸，则故障线路断路器断开后，可立即恢复变压器运行。

3. 断路器越级跳闸应如何检查处理？

答：断路器越级跳闸后应首先检查保护及断路器的动作情况。如果是保护动作，断路器拒绝跳闸造成越级，则应在拉开拒跳断路器两侧的隔离开关后，将其他非故障线路送电。

如果是因为保护未动作造成越级，则应将各线路断路器断开，再逐条线路试送电，发现故障线路后，将该线路停电，拉开断路器两侧的隔离开关，再将其他非故障线路送电。最后再查找断路器拒绝跳闸或保护拒动的原因。

4. 双母线接线的 35kV 系统发生单相接地时，在不停电的情况下如何查找接地线路？

答：可采用倒母线的方法查找接地线路，操作步骤是：

(1) 将母联断路器停用，将两条母线解列，查出故障母线。

（2）将母联断路器合上。

（3）将接地母线上的线路逐条倒至正常母线，这样就可以查出接地线路。

5. 事故信息实时处置流程？

答：监控员收集到事故信息后，按照有关规定及时向相关调度汇报，并通知运维站检查；运维站在接到监控员通知后应迅速组织现场检查，检查结果及时向相关值班调度员和监控员进行汇报；事故信息处置过程中，监控员应按照调度指令进行事故处理，并监视相关变电站运行工况，跟踪了解事故处理情况；事故信息处置结束后，现场运维人员应检查现场设备运行状态，并与监控员核对设备运行状态与监控系统是否一致。监控员应对事故发生、处理和联系情况进行记录，并根据《调控中心设备监控运行分析管理规定》填写事故信息专项分析报告。

6. 监控系统监视到设备异常应如何处理?

答：（1）监控系统发出电网设备异常信号时，监控员应准确记录异常信号的内容与时间，并对发出的信号迅速进行研判，研判时应结合监控画面上断路器变位情况，电流、电压、频率等遥测值、光字牌信号进行综合分析，判断有无故障发生，必要时通知现场配合检查，不能仅依靠语音告警或事故推画面来判断故障。

（2）若排除监控系统误发信号，确认设备存在异常的，应立即汇报调度，做好配合调度进行遥控操作的准备，并根据异常情况进行事故预想，严防设备异常造成事故。

（3）监控员应将监控到的信息和分析判断的结果告知运维站人员以协助其检查，并提醒其有关安全注意事项。

（4）监控员应要求现场人员对电气设备缺陷进行定性，详细汇报缺陷具体情况。

（5）对于危急缺陷和可能影响电网安全运行的严重缺陷，要求现场立即将检查结果及须采取的隔离方式汇报设备管辖调度，并告知监控员。对于主变压器风冷系统全停、35kV母线单相接地、直流接地等重大异常，监控员应记录异常持续时间并监视其发展情况，与现场运维人员密切配合，按有关规程的规定采取措施，并做好事故预想。

（6）现场异常隔离或缺陷消除后，运维人员应及时汇报监控员。监控员应与在现场的运维人员核对相关信号，确认已复归信号，并将异常处理的结果汇报给调度。

7. 监控系统监视到越限信息时的总体处置原则是什么?

答：越限信息实时处置原则：

（1）监控员收集到输变电设备越限信息后，应汇报相关调度，并根据情况通知运维站进行检查处理。

（2）监控员收集到变电站母线电压越限信息后，应根据有关规定，按照相关调度颁布的电压曲线及控制范围，投切电容器、电抗器和调节变压器有载分接断路器，如无法将电压调整至控制范围内时，应及时汇报相关调度。

8. 监控系统监视到变位信息实时处置原则是什么?

答：监控员收集到变位信息后，应确认设备变位情况是否正常。如变位信息异常，应根据情况参照事故信息或异常信息进行处置。

9. 哪些情况下线路跳闸不宜立即试送电?

答：以下情况线路跳闸后不宜立即试送电：

（1）空充电线路。

（2）试运行线路。

（3）线路跳闸后，经备用电源自动投入已将负荷转移到其他线路上，不影响供电。

（4）电缆线路。

（5）有带电作业工作并申明不能试送电的线路。

（6）线路变压器组断路器跳闸，重合不成功。

（7）运行人员已发现明显故障现象时。

（8）线路断路器有缺陷或遮断容量不足的线路。

（9）已掌握有严重缺陷的线路。

10. 母线失压故障的现象有哪些?

答：（1）该母线的电压指示消失。

（2）该母线所有进、出线及变压器电流、功率显示为零。

（3）该母线所供的站用电消失。

（4）不可只凭站用电源或照明全停而误认为母线全停电。

11. 中性点不接地系统一相接地时，电压表及 $3U_0$ 指示怎样反映？开口三角电压是多少?

答：正常运行时，电压互感器开口三角处，应没有电压或只有很少的不对称电压，但当某相完全接地接足时，该相电压为 0，其他两相的电压升为线电压，开口三角电压应为 100V。

12. 小电流接地系统发生单相接地时有哪些现象？

答：小电流接地系统发生单相接地时的现象有：

（1）警铃响，同时发出接地信号。

（2）如故障点为高电阻接地，则接地相电压降低，其他两相对地电压高于相电压；如为金属性接地，则接地相电压降到零，其他两相对地电压升为线电压。

（3）三相电压表的指示不停摆动，这时是间歇性接地。

13. 单母线接线的 10kV 系统发生单相接地后，经逐条线路试停电查找，接地现象仍不消失是什么原因？

答：有以下两点原因：

（1）两条线路同时接地。

（2）站内母线设备接地。

14. 如何区分35kV母线发生单相接地和高、低压熔丝熔断以及谐振现象？

答：(1) 35kV单相接地：接地相电压降低，另两相电压升高，监控报“35kV Ⅰ、Ⅱ段母线接地”信息。

(2) 35kV压变高压熔丝熔断一相：熔断相电压降低，另两相电压不变，监控报熔断压变所在母线接地。

(3) 35kV压变低压熔丝熔断一相：熔断相电压降低，另两相不变，监控无接地光字信息发出。

(4) 35kV系统铁磁谐振：相电压数值跳动，压变有“嗡嗡”声，接地光字亮。当发生35kV系统铁磁谐振时，应立即合上35kV母线压变开口三角消谐电阻闸刀，并及时向调度汇报和做好记录；若谐振仍未消除，则可向当值调度建议，用拉电容器断路器或拉线路断路器来进行消除35kV系统铁磁谐振。

15. 当电压互感器发出“交流电压断线”或“交流电压消失”信号时，简述其原因。

答：(1) 电压互感器内部故障；

(2) 电压互感器二次熔断器熔断或二次断路器断开；

(3) 二次电压回路断线或接触不良；

(4) 电容式电压互感器电容单元损坏等。

16. 电压互感器熔丝熔断与接地同时出现时如何处理？

答：若同时出现：电压互感器三相或两相熔丝熔断且线路单相接地，应先处理接地故障，再处理电压互感器熔丝熔断。

(1) 如果馈线对侧的变电站电压异常，则可确定有接地点。

(2) 在接地母线系统拉开电容器断路器（包括电容器母线断路器）、所变断路器（所用电先进行切换到正常母线）等设备。

(3) 再逐一试拉各馈线；并判断是否消弧线圈脱谐度过低。

(4) 再次检查母线上的所有设备，户外设备检查均没有问题后，再检查户内设备。母线并列，接地母线系统主变断路器热备用，以确定接地点是否会在该主变断路器主变侧。如果确定接地点在母线与主变断路器之间，需停役主变隔离故障。

(5) 多点同相接地：将该母线所有馈线都拉闸，来确定是不是母线故障，再逐一试送馈线，确定故障线路。

(6) 确定故障点并隔离后，处理电压互感器熔丝熔断故障。

17. 小接地电流系统中，为什么单相接地保护在多数情况下只是用来发信号，而不动作于跳闸？

答：小接地电流系统中，一相接地时并不破坏系统电压的对称性，通过故障点的电流仅为系统的电容电流，或是经过消弧线圈补偿后的残流，其数值很小，对电网运行及用户的工作影响较小。为了防止再发生一点接地时形成短路故障，一般要求保护装置及时发出预告信号，以便值班人员酌情处理。

18. 什么故障会使 35kV 及以下电压互感器的一、二次侧熔断器熔断？

答：电压互感器的内部故障（包括相间短路、绕组绝缘破坏），以及电压互感器出口与电网连接导线的短路故障、谐振过电压，都会使一次侧熔断器熔断。二次回路的短路故障会使电压互感器二次侧熔断器熔断。

19. 站用电系统发生异常时应如何处理?

答：当发现站用电系统异常信号时，应检查带站用变的线路有无失电，或有无进线、主变压器失电，有无直流系统信号。发现异常情况应通知运维人员检查处理，如果带有直流系统异常信号时必须尽快到现场检查。如发生某站站用变切换动作时，应查看交流系统遥测值是否显示正确，且应清楚站用变交流系统的接线方式。当站用电系统失电时应关注蓄电池使用情况。

20. 直流失电有哪些现象?

答：（1）监控系统发出直流电源消失告警信息。

（2）直流负载部分或全部失电，保护装置或测控装置部分或全部出现异常并失去功能。

21. 直流系统接地有哪些现象?

答：（1）监控系统发出直流接地告警信号。

（2）绝缘监测装置发出直流接地告警信号并显示接地支路。

（3）绝缘监测装置显示接地极对地电压下降、另一级对地电压上升。

22. 直流系统发生正极接地或负极接地对运行有哪些危害？

答：直流系统发生正极接地有造成保护误动作的可能。因为电磁操动机构的跳闸线圈通常都接于负极电源，倘若这些回路再发生接地或绝缘不良就会引起保护误动作。直流系统负极接地时，如果回路中再有一点发生接地，就可能使跳闸或合闸回路短路，造成保护或断路器拒动，或烧毁继电器，或使熔断器熔断等。

23. 查找直流接地时应注意哪些事项?

答：（1）查找直流接地时，必须由两人及以上配合进行，其中一人操作，一人监护，防止人身触电，做好安全监护。

（2）发生直流接地时，禁止在二次回路上进行工作。

（3）尽量避免在高峰负荷时进行接地查找。

（4）防止人为造成短路或另一点接地。

（5）瞬断直流电源前，应经调度员同意，断开电源的时间一般不应超过 3s，不论回路中有无故障、接地信号是否消失，均应及时投入。

（6）断开直流熔断器时，应先断正极、后断负极，投入时顺序相反。不得只断开一极，以防止断开一极时，接地点发生“转移”而不易查找。

（7）防止保护误动作，在瞬断操作电源前，解除可能误动的保护，操作电源给上后再投入保护。

（8）禁止使用灯泡查找直流接地故障。

（9）使用仪表检查时，应使用高内阻电压表，表计内阻不低于 2000Ω ／ V。

（10）运行人员不得打开继电器和保护箱。

24. 直流母线电压过低或电压过高有何危害？如何处理？

答：直流电压过低会造成断路器保护动作不可靠及自动装置动作不准确等现象产生。直流电压过高会使长期带电的电气设备过热损坏。处理：

（1）运行中的直流系统，若出现直流母线电压过低的信号时，值班人员应设法检查并消除，检查浮充电流是否正常，直流负荷突然增大时，应迅速调整放电调压器或分压断路器，使母线电压保持在正常规定。

（2）当出现母线电压过高的信号时，应降低浮充电电流使母线电压恢复正常。

25. 断路器压力异常有哪些表现？如何处理？

答：监控后台显示“打压超时”信息，现场压力表指针升高或降低，油泵频繁起动或油泵起动压力建立不起来等。

压力异常时应立即加强监视，当发现压力升高，油打压不停应尽快停止油泵。当断路器跑油造成压力下降或压力异常，出现“禁分”（即分闸闭锁灯窗显示）时，应将“禁分”断路器机构卡死，然后拉开直流电源及脱离保护压板，再用旁路带出。

26. 弹簧储能操动机构的断路器发出“弹簧未储能”信号时应如何处理？

答：弹簧储能操作机构的断路器在运行中，发出弹簧机构未储能信号（光字牌及音响）时，值班人员应迅速去现场，检查交流回路及电机是否有故障，电机有故障时，应用手动将弹簧拉紧，交流电机无故障而且弹簧已拉紧，应检查二次回路是否误发信号，如果是由于弹簧有故障不能恢复时，应向调度申请停电处理。

27. 发出“断路器三相位置不一致”信号时应如何处理？

答：当可进行单相操作的断路器发出“三相位置不一致”信号时，运行人员应立即检查三相断路器的位置，如果断路器只跳开一相，应立即合上断路器，如合不上应将断路器拉开；若是跳开两相，应立即将断路器拉开。

如果断路器三相位置不一致信号不复归，应继续检查断路器的位置中间继电器是否卡滞，触点是否接触不良，断路器辅助触点的转换是否正常。

28. 电容器故障跳闸有哪些现象？

答：（1）事故音响启动。

（2）监控系统显示电容器断路器跳闸，电流、功率显示为零。

（3）保护装置发出保护动作信息。

29. 干式电抗器在哪些情况下紧急申请停运？

答：运行中干式电抗器发生下列情况时，应立即申请停运，停运前应远离设备：

（1）接头及包封表面异常过热、冒烟。

（2）包封表面有严重开裂，出现沿面放电。

（3）支持瓷瓶有破损裂纹、放电。

（4）出现突发性声音异常或振动。

（5）倾斜严重，线圈膨胀变形。

（6）其他根据现场实际认为应紧急停运的情况。

30. 电抗器故障跳闸有哪些现象？

答：（1）事故音响启动。

（2）监控系统显示断路器跳闸，电流、功率显示为零。

（3）保护装置发出相关保护动作信息。

31. 电压互感器二次电压异常现象有哪些？

答：（1）监控系统发出电压异常越限告警信息，相关电压指示降低、波动或升高。

（2）变电站现场相关电压指示降低、波动或升高。相关继电保护及自动装置发“电压互感器断线”告警信息。

32. 电压互感器冒烟着火有哪些现象？

答：（1）监控系统相关继电保护动作信号发出，断路器跳闸信号发出，相关电流、电压、功率无指示。如为室内设备，则监控系统有火灾报警信号发出。

（2）变电站现场相关继电保护装置动作，相关断路器跳闸。

33. 站用变过流保护动作有哪些现象？

答：（1）监控系统发出过流保护动作信息，站用变高压侧断路器跳闸，各侧电流、功率显示为零。

（2）保护装置发出站用变过流保护动作信息。

34. 干式站用变超温告警现象有哪些？

答：（1）监控系统发出干式站用变超温告警信息。

（2）干式站用变温度控制器温度指示超过告警值。

35. 站用交流母线全部失压有哪些现象？

答：（1）监控系统发出保护动作告警信息，全部站用交流母线电源进线断路器跳闸，低压侧电流、功率显示为零。

（2）站用交流电源柜电压、电流仪表指示为零，低压断路器失压脱扣动作，馈线支路电流为零。

36. 站用交流母线一段母线失压有哪些现象？

答：（1）监控系统发出站用变交流一段母线失压信息，该段母线电源进线断路器跳闸，低压侧电流、电压、功率显示为零。

（2）一段站用交流电源柜电压、电流、功率表指示为零，低压断路器故障跳闸指示器动作，馈线支路电流为零。

37. 站用交流不间断电源装置交流输入故障现象有哪些？

答：（1）监控系统发出UPS装置市电交流失电告警。

（2）UPS装置蜂鸣器告警，市电指示灯灭，装置面板显示切换至直流逆变输出。

38. 消弧线圈保护动作现象有哪些？

答：（1）事故音响启动。

（2）监控系统发出消弧线圈速断保护动作、过流保护动作、零序过流保护动作，零序过压保护动作信息，主画面显示消弧线圈断路器跳闸。

（3）保护装置发出消弧线圈速断保护动作、过流保护动作、零序过流保护动作，零序过压保护动作信息。

39. 消弧线圈、接地变着火有哪些现象？

答：（1）事故音响启动。

（2）监控系统发出消弧线圈速断保护动作、过流保护动作、零序过流保护动作，零序过压保护动作信息，主画面显示消弧线圈断路器跳闸。

（3）保护装置发出消弧线圈速断保护动作、过流保护动作、零序过流保护动作，零序过压保护动作信息。

（4）消弧线圈、接地变压器冒烟着火。

（5）火灾消防装置报警。

40. 消弧线圈接地告警有哪些现象？

答：（1）消弧线圈发出接地告警信号。

（2）监控系统发出母线接地告警信号，接消弧线圈的母线电压：一相对地电压降低、其他两相对地电压升高。

41. 火灾报警控制系统动作有哪些现象？

答：变电站消防告警总信号发出。警报音响发出。

42. 电子围栏发告警信号有哪些现象？

答：变电站防盗装置报警告警信号发出。报警音响信号发出。

第三章　典型信息处置

一、典型事故信息判断分析处置

1. 事故信息监控处置一般步骤是什么?

答:(1)检查核对事故跳闸相关信息。

(2)应在5min内向负责调度的调控中心调度员简要汇报，主要包括以下内容：故障时间、故障设备、断路器变位情况、保护动作情况、潮流变化情况、母线及站用电是否失电、现场天气等情况。

(3)通知运维站(班)现场检查，并要求远程收集的监控告警、故障录波、在线监测、工业视频等相关信息；并汇报领导。

(4)详细检查监控告警、故障录波、在线监测、工业视频等相关信息并与运维站核对。

(5)由监控员汇总各类信息，与运维人员共同分析判断。并在事故发生后15min内向调度员详细汇报。详细汇报的内容应包括现场天气情况、一、二次设备动作情况、故障测距以及线路是否具备远方试送条件，并做好全部记录。

(6)按照调度指令进行事故处理，并监视相关变电站运行工况，跟踪了解事故处理情况，并做好记录

2.“××主变第一套、第二套差动保护出口”光字的含义、可伴生信号、发生原因、造成后果及监控处置要点是什么?

答:(1)信息释义：差动保护出口，跳开主变各侧断路器。

(2)伴生信号：全站事故总信号、断路器间隔事故信号(间隔完善的设备有)、主变第一套、第二套差动保护动作，主变三侧断路器分闸(如3号主变或单主变，则Ⅲ段母线电压互感器失压相应的运行电容器欠压保护动作分闸)。

(3)原因分析：①变压器差动保护范围内的一次设备故障；②变压器内部故障；③电流互感器二次开路或短路；④保护误动。

(4)造成后果：主变三侧断路器跳闸，可能造成其他运行变压器过负荷；如果系统备自投不成功，可能造成负荷损失。

(5)监控值班员处置要点：①核实所有断路器跳闸、保护动作情况；②检查并监视其他运行主变及相关线路的负荷情况；③检查站用电是否失电及自投情况。

（6）需现场运维检查后汇报内容：

1）断路器跳闸情况，保护动作情况。

2）详细检查的差动保护范围内设备：变压器本体有无变形和异状，套管是否损坏，连接变压器的引线是否有短路烧伤痕迹，引线支持瓷瓶是否异常，差动范围内的避雷器是否正常情况。

3）是否投入备用电源，切换站用变，恢复站用变。

3.“×× 主变 ×× 侧后备保护出口”光字的含义、可伴生信号、发生原因、造成后果及监控处置要点是什么?

答：（1）信息释义：后备保护出口，跳开相应的断路器。

（2）伴生信号：全站事故总信号、断路器间隔事故信号（间隔完善的设备有）、主变第一套、第二套保护动作，主变相应侧断路器分闸，×× 千伏母联断路器分闸（如 3 号主变，则Ⅲ段母线电压互感器失压相应的运行电容器欠压保护动作分闸）。

（3）原因分析：①变压器后备保护范围内的一次设备故障，相应设备主保护未动作；②保护误动。

（4）造成后果：①如果母联分段跳闸，造成母线分列失电；②如果主变三侧断路器跳闸，可能造成其他运行变压器过负荷；③保护误动造成负荷损失；④相邻一次设备保护拒动造成故障范围扩大。

（5）监控值班员处置要点：①核实所有断路器跳闸、保护动作情况。②检查并监视其他运行主变及相关线路的负荷情况；③检查站用电是否失电及备自投情况。

（6）需现场运维检查后汇报内容：

1）断路器跳闸情况，保护动作情况。

2）相邻一次设备保护装置动作情况，确认是否因相邻一次设备保护拒动造成主变后备保护出口。

3）检查主变保护范围内是否有故障点，确认是否因主变主保护拒动造成主变后备保护出口。

4）检查站内后备保护范围内的设备：变压器本体有无变形和异状，套管是否损坏，连接变压器的引线是否有短路烧伤痕迹，引线支持瓷瓶是否异常等情况。

5）是否投入备用电源，切换站用变，恢复站用变情况。

4.“主变本体重瓦斯出口”光字的含义、可伴生信号、发生原因、造成后果及监控处置要点是什么?

答：（1）信息释义：瓦斯保护出口，跳开主变各侧断路器。

（2）伴生信号：全站事故总信号、断路器间隔事故信号（间隔完善的设备有）、主变本体重瓦斯动作，主变三侧断路器分闸（如 3 号主变，则Ⅲ段母线电压互感器失压相应的运行电容器欠压保护动作分闸）。

（3）原因分析：①主变内部发生严重故障；②二次回路问题误动作；③储油柜内胶囊安装不良，造成呼吸器堵塞，油温发生变化后，呼吸器突然冲开，油流冲动造成继电器误动跳闸；④主变附近有较强烈的震动；⑤瓦斯继电器误动。

（4）造成后果：造成主变跳闸。

（5）监控值班员处置要点：①核实所有断路器跳闸、保护动作情况。②检查并监视其他运行主变及相关线路的负荷情况；③检查站用电是否失电及自投情况。

（6）需现场运维检查后汇报内容：

1）断路器跳闸情况，保护动作情况。

2）是否投入备用电源，切换站用变，恢复站用变。

3）了解主变重瓦斯出口原因及对主变进行外观检查。若主变无明显异常和故障迹象，取气进行检查分析；根据保护动作情况、外部检查结果、气体继电器气体性质进行综合分析，并立即上报调度。

4）如果是二次回路、附近强烈震动或重瓦斯保护误动等引起，在差动和后备保护投入的情况下，退出重瓦斯保护，根据调度指令进行恢复送电。

5.“××主变有载重瓦斯出口”光字的含义、可伴生信号、发生原因、造成后果及监控处置要点是什么?

答：（1）信息释义：主变有载重瓦斯出口，跳开主变各侧断路器。

（2）伴生信号：全站事故总信号、断路器间隔事故信号（间隔完善的设备有）、主变有载重瓦斯动作，主变三侧断路器分闸（如3号主变，则Ⅲ段母线电压互感器失压相应的运行电容器欠压保护动作分闸）。

（3）原因分析：①主变有载调压装置内部发生严重故障；②二次回路问题误动作；③有载调压储油柜内胶囊安装不良，造成呼吸器堵塞，油温发生变化后，呼吸器突然冲开，油流冲动造成继电器误动跳闸；④主变附近有较强烈的震动；⑤瓦斯继电器误动。

（4）造成后果：造成主变跳闸。

（5）处置要点：（同主变重瓦斯出口）

（6）需现场运维检查后汇报内容：（同主变重瓦斯出口）

6.“××线路第一（二）套保护出口”光字的含义、可伴生信号、发生原因、造成后果及监控处置要点是什么?

答：（1）信息释义：线路保护出口，跳开对应线路断路器。

（2）伴生信号：全站事故总信号、断路器间隔事故信号（间隔完善的设备有）、第一套、第二套保护动作、重合闸动作，×相断路器分闸、合闸，A、B、C及断路器分闸，线路电压互感器失压。

（3）原因分析：①保护范围内的一次设备故障；②保护误动。

（4）造成后果：线路本侧断路器跳闸。

（5）监控值班员处置要点：①核实断路器跳闸、保护动作情况。②检查相关变电站备自投动作情况及相关线路的负荷情况。

（6）需现场运维检查后汇报内容：

1）断路器跳闸位置及间隔设备是否存在故障。

2）保护装置故障报告，结合录波器和其他保护动作启动情况，故障测距。综合分析初步判断故障原因。

3）若系保护装置误动，根据调度指令退出异常保护装置情况。

7. “××断路器重合闸出口”光字的含义、可伴生信号、发生原因、造成后果及监控处置要点是什么？

答：（1）信息释义：带重合闸功能的线路发生故障跳闸后，断路器自动重合。

（2）伴生信号：全站事故总信号、断路器间隔事故信号（间隔完善的设备有）、第一套、第二套保护动作、重合闸动作，×相断路器分闸、合闸。重合失败还有A、B、C及断路器分闸，线路电压互感器失压信息。

（3）原因分析：①线路故障后断路器跳闸；②断路器偷跳；③保护装置误发重合闸信号。

（4）造成后果：线路断路器重合。

（5）处置要点：（同××线路第一（二）套保护出口）。

（6）现场运维检查后汇报内容：（同××线路第一（二）套保护出口）。

8. “××断路器本体三相不一致出口”光字的含义、可伴生信号、发生原因、造成后果及监控处置要点是什么？

答：（1）信息释义：反映断路器三相位置不一致性，断路器三相跳开。

（2）伴生信号：全站事故总信号、断路器间隔事故信号（间隔完善的设备有）、断路器机构三相不一致动作、×相断路器分闸，如图3-1所示。

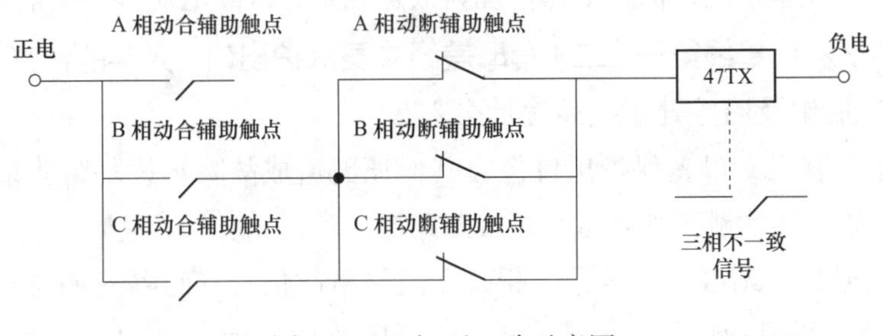

图3-1　三相不一致示意图

（3）原因分析：①断路器三相不一致，断路器一相或两相跳开；②断路器位置继电器接点不好造成。

（4）造成后果：断路器三相跳闸。

（5）监控值班员处置要点：①核实断路器跳闸及保护动作情况。②检查相关线路相别的潮流情况；查看故障录波器检查是否有故障电流。

（6）需现场运维检查后汇报内容：

1）现场检查确认断路器位置。

2）如果断路器跳开且三相不一致保护出口，造成该保护动作的初步原因及调度处理意见。

3）如断路器未跳开处于非全相运行，是否拉开该断路器，检查情况并及调度处理意见。

9.“220kV×× 母线第一（二）套母差保护出口”光字的含义、可伴生信号、发生原因、造成后果及监控处置要点是什么？

答：（1）信息释义：母线差动保护动作跳开母联及连接在故障母线上的断路器。

（2）伴生信号：全站事故总信号、断路器间隔事故信号（间隔完善的设备有）、220kV 第一套、第二套母线差动保护动作，#X 主变 220kV 断路器分闸、220kV×× 母线上各间隔断路器分闸、220kV 母联断路器分闸。220kV×× 母线电压互感器失压。

（3）原因分析：①母线故障；②本套保护内部故障造成保护误动；③人员工作失误造成保护误动；④保护接线错误造成区外故障时保护误动。

（4）造成后果：如母线故障保护正确动作切除故障母线所带断路器及母联断路器；如因各种误动造成的母线跳闸将造成母线无故障停运，此时可根据现场实际情况将误动保护退出运行将无故障母线恢复。

（5）监控值班员处置要点：①核实另一套母差保护是否动作判断是否为误动、记录所有断路器跳闸情况。②检查相关母线失压及线路的潮流情况；③检查站用电是否失电及备自投情况。④将失压母线上所有断路器拉开，并汇报相关调度员。⑤加强监视其他运行主变及相关线路的负荷情况防止过负荷。

（6）需现场运维检查后汇报内容：

详细汇报一次设备情况、保护动作情况、故障相别、故障电流等相关信息并做好记录。

10.“220kV×× 母线第一（二）套母差经失灵保护出口”光字的含义、可伴生信号、发生原因、造成后果及监控处置要点是什么？

答：（1）信息释义：母差保护出口但因其他原因造成故障母线断路器未跳开，母差保护启动失灵保护出口再次跳开故障母线所带断路器。

（2）伴生信号：全站事故总信号、断路器间隔事故信号（间隔完善的设备有）、220kV 第一套、第二套母线保护动作，#× 主变 220kV 断路器分闸、220kV×× 母线上各间隔断路器分闸、220kV 母联断路器分闸。220kV×× 母线电压互感器失压。

（3）原因分析：①母线故障断路器未跳；②本套保护内部故障造成保护误动；③人员工作失误造成保护误动；④保护接线错误造成区外故障时保护误动；⑤断路器因其他原因闭锁。

（4）造成后果：如母线故障保护正确动作，切除故障母线所带断路器及母联断路器而有断路器未动，将启动失灵跳开相应断路器；如因各种误动造成的母线跳闸将造成母线无故障停运，此时可根据现场实际情况将误动保护退出运行，将无故障母线恢复。

（5）监控值班员处置要点：①区分保护是因母线故障而正确动作还是因其他原因造成保护误动。②核实另一套母差保护是否动作判断是否为误动、记录所有断路器跳闸情况。③检查相关母线失压及线路的潮流情况；④检查站用电是否失电及备自投情况。⑤加强监视其他运行主变及相关线路的负荷情况，防止过负荷。

（6）需现场运维检查后汇报内容：

详细汇报一次设备情况、保护动作情况、故障相别、故障电流等相关信息，尤其是失灵断路器位置情况，三相电流情况，保护及自投动作情况、变压器中性点方式并做好记录。

11.“××备自投装置动作”光字的含义、可伴生信号、发生原因、造成后果及监控处置要点是什么?

答：（1）信息释义：备自投装置动作出口信号。

（2）伴生信号：X线断路器分闸、××断路器合闸。

（3）原因分析：①工作电源失压（备投方式）；②电源Ⅰ或Ⅱ失压（自投方式）；③二次回路故障。

（4）造成后果：①断开工作电源，投入备用电源；②跳电源Ⅰ（或Ⅱ），合母联（分段）。

（5）监控值班员处置要点：①区分保护是因故障而正确动作还是因其他原因造成保护误动或只是操作引起的保护启动。②核实另一线路（备用电源）是否合闸、记录所有断路器跳合闸情况。③检查相关母线失压及线路的潮流情况；④加强监视其他运行主变及相关线路的负荷情况，防止过负荷。

（6）需现场运维检查后汇报内容：

1）检查备自投保护装置动作信息及运行情况，检查故障录波器动作情况；

2）检查相关断路器跳、合闸位置及相关一、二次设备有无异常；

3）检查电压互感器二次回路有无异常；

4）将检查情况上报调度，按照调度指令处理的情况。

12.“电容器/电抗器保护出口”光字的含义、可伴生信号、发生原因、造成后果及监控处置要点是什么?

答：（1）信息释义：电容器/电抗器保护出口跳闸。

（2）原因分析：电容器/电抗器过电流、过电压、欠电压、零序、不平衡保护出口。

（3）造成后果：系统失去部分无功电源，有可能对电压造成影响。

（4）监控值班员处置要点：①区分保护是因故障而正确动作还是因其他原因造成保护误动。②核实记录断路器跳合闸情况。③检查相关母线失压情况。

（5）需现场运维检查后汇报内容：

1）现场检查电容器 / 电抗器保护出口情况；

2）现场检查电容器 / 电抗器一次设备有无异常，并一并将检查结果上报调度；

3）如果相应间隔 AVC 未自动退出，则应人工退出相应 AVC 控制。

13.“火灾告警装置动作”光字的含义、发生原因、造成后果及监控处置要点是什么？

答：（1）信息释义：火灾告警装置发生告警。

（2）原因分析：变电站起火或者告警装置误动。

（3）造成后果：变电站起火。

（4）监控值班员处置要点：①通知运维站立即现场检查。②通过视频监视系统查看判断火灾影响，汇报调度及上级领导。③必要时拨打 119。

（5）需现场运维检查后汇报内容：告警装置产生告警原因、地点及采取现场处置措施情况。

14.“×× 变压器消防火灾告警”光字的含义、发生原因、造成后果及监控处置要点是什么？

答：（1）信息释义：主变火灾告警装置发生告警。

（2）原因分析：主变起火或者告警装置误动。

（3）造成后果：变压器起火。

（4）监控值班员处置要点：①通知运维站立即现场检查。②通过视频监视系统查看判断火灾影响，汇报调度。③必要时根据调度命令拉停着火主变。④必要时拨打 119。

（5）需现场运维检查后汇报内容：告警装置产生告警原因、地点及采取现场处置措施情况。

15.“×× 线路第一（二）套保护远跳发信”光字的含义、发生原因、造成后果及监控处置要点是什么？

答：（1）信息释义：保护向线路对侧保护发跳闸令，远跳线路对侧断路器。

（2）原因分析：①过电压、失灵、高抗保护出口，保护装置发远跳令；② 220kV 母差保护出口；③二次回路故障。

（3）造成后果：远跳对侧断路器。

（4）监控值班员处置要点：①区分保护是因故障而正确动作还是因其他原因造成保护误动。②核实记录断路器跳合闸情况。③检查相关母线失压情况。

（5）需现场运维检查后汇报内容：

1）保护装置动作情况。

2）装置故障报告，综合分析初步判断故障原因。

3）若保护装置误动，根据调度指令退出相关保护。

二、典型异常信息判断分析处置

16. 设备异常监控处置的一般步骤如何?

答:(1)核实记录并分析判断异常信息。

(2)通知运维站,汇报相关调度。

(3)运维站到达现场检查后,了解现场处置的基本情况和现场处置原则。

(4)依据现场检查情况详细汇报相关调度及领导和填报缺陷流程。

(5)根据处置方式制定相应的监控措施,及时掌握 $N-1$ 后设备运行情况。

17."××断路器 SF_6 气压低告警"光字的含义、发生原因、造成后果及监控处置要点是什么?

答:(1)信息释义:监视断路器本体 SF_6 数值,反映断路器绝缘情况。由于 SF_6 密度降低,密度继电器动作。断路器本体 SF_6 气体密度下降第一告警值,断路器机构 SF_6 压力表压力下降,断路器不能正常打压。属于严重缺陷,如图 3-2 所示。

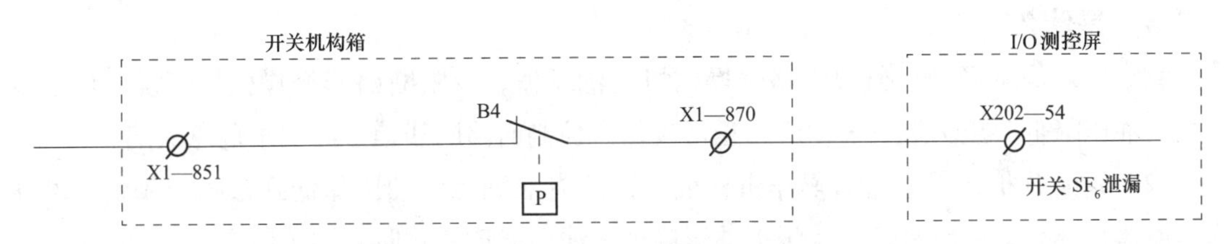

图 3-2　断路器 SF_6 气压低告警示意图

(2)原因分析:①断路器有泄漏点,压力降低到告警值;②密度继电器损坏;③二次回路故障;④根据 SF_6 压力温度曲线,温度变化时,SF_6 压力值变化。

(3)造成后果:如果 SF_6 压力继续降低,造成断路器分合闸闭锁。

(4)监控值班员处置要点:了解现场断路器 SF_6 压力值、告警限值、闭锁压力值以及有无继续下降的趋势;如有继续降低的可能,立即汇报调度存在的风险。

(5)需现场运维检查后汇报内容:

1)现场压力表压力情况,信号报出是否正确,是否有漏气。

2)如果检查没有漏气,是由于运行正常压力降低,或者温度变化引起压力变化造成,汇报是否由专业人员带电补气。

3)如果有漏气现象,SF_6 压力未闭锁,汇报现场后续处置方案。

4)如果是误发信号,现场汇报对回路及继电器进行检查情况及消除情况。

18."××断路器 SF_6 气压低闭锁"光字的含义、发生原因、造成后果及监控处置要点是什么?

答:(1)信息释义:监视断路器本体 SF_6 数值,反映断路器绝缘情况。由于 SF_6 压力降低,压力继电器动作,此时应伴随"断路器 SF_6 压力低报警"、"断路器控制回路断线"光字牌亮。属于危急缺陷。

（2）原因分析：①断路器有泄漏点，压力降低到闭锁值；②压力继电器损坏；③回路故障；④根据 SF_6 压力温度曲线，温度变化时，SF_6 压力值变化。

（3）造成后果：造成断路器分合闸闭锁，如果当时与本断路器有关设备故障，则断路器拒动，断路器失灵保护出口，扩大事故范围。

（4）监控值班员处置要点：了解现场断路器 SF_6 压力值，是否实际已达到 SF_6 压力低闭锁值，并做断路器拒动事故预想准备。

（5）需现场运维检查后汇报内容：

1）现场压力表压力情况，信号报出是否正确，是否有漏气。

2）如果有漏气现象，断路器 SF_6 压力低闭锁，汇报是否已采取断开断路器控制电源的安全措施，是否已汇报相关调度，并根据调度指令将故障断路器隔离做好相应安全措施的情况。

3）如果是误发信号，现场汇报对回路及继电器进行检查情况及消除情况。

19.“××断路器油压低分合闸总闭锁”光字的含义、发生原因、造成后果及监控处置要点是什么？

答：（1）信息释义：监视断路器操作机构油压值，反映断路器操作机构情况。由于操作机构油压降低，压力继电器动作，正常应伴有控制回路断线信号。属于危急缺陷。

（2）原因分析：①断路器操作机构油压回路有泄漏点，油压降低到分闸闭锁值；②压力继电器损坏；③回路故障；④根据油压温度曲线，温度变化时，油压值变化。

（3）造成后果：如果当本断路器有关设备故障，则断路器拒动无法分合闸，扩大事故范围。

（4）监控值班员处置要点：了解现场断路器操作机构压力值，是否真实操作机构压力低已闭锁分闸，并做断路器拒动事故预想准备。

（5）需现场运维检查后汇报内容：

1）现场压力表检查情况，信号报出是否正确，是否有漏油痕迹。

2）如果检查没有漏油痕迹，是由于运行正常压力降低，或者温度变化引起压力变化造成，是否由专业人员带电处理。

3）如果有漏油现象，操作机构压力低闭锁分闸，是否已采取断开断路器控制电源的安全措施，是否已汇报相关调度，并根据调度指令将故障断路器隔离做好相应安全措施的情况。

4）如果是误发信号，现场汇报对回路及继电器进行检查情况及消除情况。

20.“××断路器油压低合闸闭锁”光字的含义、发生原因、造成后果及监控处置要点是什么？

答：（1）信息释义：监视断路器操作机构油压值，反映断路器操作机构情况。由于操作机构油压降低，压力继电器动作。断路器压力已低于合闸闭锁压力，已闭锁合闸回路，但可以进行分闸。属于危急缺陷。

（2）原因分析：①断路器操作机构油压回路有泄漏点，油压降低到分闸闭锁值；②压力继电器损坏；③回路故障；④根据油压温度曲线，温度变化时，油压值变化。

（3）造成后果：造成断路器无法合闸。

（4）监控值班员处置要点：了解现场断路器操作机构压力值，是否达到操作机构压力低已闭锁合闸值，了解闭锁分闸限值，以及有无继续下降的趋势；如有继续降低的可能，立即汇报调度存在的风险。

（5）需现场运维检查后汇报内容：

1）现场压力表检查情况，信号报出是否正确，是否有漏油痕迹。

2）如果检查没有漏油痕迹，是由于运行正常压力降低，或者温度变化引起压力变化造成，是否由专业人员带电处理。

3）如果有漏油现象，操作机构压力低闭锁合闸，根据检查情况运维站确定如何处置方案，是否已汇报调度，是否将根据调度命令将断路器隔离。

4）如果是误发信号，现场汇报对回路及继电器进行检查情况及消除情况。

21.“×× 断路器油压低重合闸闭锁”光字的含义、发生原因、造成后果及监控处置要点是什么？

答：（1）信息释义：监视断路器操作机构油压值，反映断路器操作机构情况。由于操作机构油压降低，压力继电器动作。属于危急缺陷。

（2）原因分析：①断路器操作机构油压回路有泄漏点，油压降低到重合闸闭锁值；②压力继电器损坏；③回路故障；④根据油压温度曲线，温度变化时，油压值变化。

（3）造成后果：造成断路器故障跳闸后不能重合。

（4）监控值班员处置要点：了解现场断路器操作机构压力值，是否到达操作机构压力低已闭锁合闸值，了解闭锁分闸限值，以及有无继续下降的趋势；如有继续降低的可能，立即汇报调度存在的风险。

（5）需现场运维检查后汇报内容：

1）现场压力表检查情况，信号报出是否正确，是否有漏油痕迹。

2）如果检查没有漏油痕迹，是由于运行正常压力降低，或者温度变化引起压力变化造成，是否由专业人员带电处理。

3）如果有漏油现象，操作机构压力低闭锁重合闸，是否已汇报调度，根据检查情况运维站确定如何处置方案，是否将根据调度命令将断路器隔离。

4）如果是误发信号，现场汇报对回路及继电器进行检查情况及消除情况。

22.“×× 断路器油压低告警”光字的含义、发生原因、造成后果及监控处置要点是什么？

答：（1）信息释义：断路器操作机构油压值低于告警值，压力继电器动作。属于严重缺陷。

（2）原因分析：①断路器操作机构油压回路有泄漏点，油压降低到告警值；②压力继电器损坏；③回路故障；④根据油压温度曲线，温度变化时，油压值变化。

（3）造成后果：如果压力继续降低，可能造成断路器重合闸闭锁、合闸闭锁、分闸闭锁。

（4）监控值班员处置要点：了解现场断路器操作机构压力值，是否达到操作机构压力低至告警值，了解闭锁分合闸限值，以及有无继续下降的趋势；如有继续降低的可能，立即汇报调度存在的风险。

（5）需现场运维检查后汇报内容：

1）现场压力表检查情况，信号报出是否正确，是否有漏油痕迹。

2）如果压力确实降低至告警值时，是否可带电处理，如必须停电处理时，是否已汇报相关调度，根据检查情况运维站确定如何处置方案，是否已采取措施避免出现分合闸闭锁情况。

3）如果是误发信号，现场汇报对回路及继电器进行检查情况及消除情况。

23.“××断路器 N_2 泄漏告警”光字的含义、发生原因、造成后果及监控处置要点是什么?

答：（1）信息释义：断路器操动机构 N_2 压力值低于告警值，压力继电器动作。断路器储压筒 N_2 泄漏时，压力降低使油泵启动，油压骤升启动发信。此时通常“断路器油泵打压”启动频繁，可能伴随“断路器油泵打压超时”。属于严重缺陷，如图 3-3 所示。

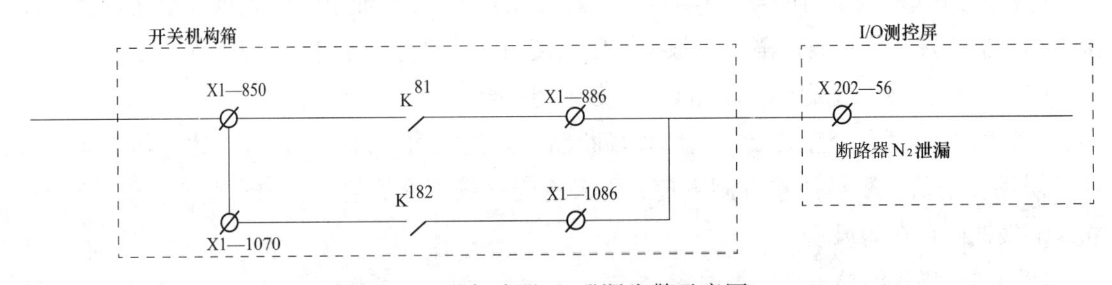

图 3-3 断路器 N_2 泄漏告警示意图

（2）原因分析：①断路器操动机构油压回路有泄漏点，N_2 压力降低到报警值；②压力继电器损坏；③回路故障；④根据 N_2 压力温度曲线，温度变化时，N_2 压力值变化。

（3）造成后果：如果压力继续降低，可能造成断路器重合闸闭锁、闭锁合闸、闭锁分闸。

（4）监控值班员处置要点：了解现场断路器 N_2 压力值，是否达到压力低告警值，了解闭锁限值，以及有无继续下降的趋势；如有继续降低的可能，立即汇报调度存在的风险。

（5）需现场运维检查后汇报内容：

1）现场 N_2 压力表，信号报出是否正确，是否有漏 N_2。

2）如果检查没有漏 N_2，是由于温度变化等原因造成，油泵运转情况；专业人员是否立即处理。

3）如果是误发信号，现场汇报对回路及继电器进行检查情况及消除情况。

24．“××断路器N_2泄漏闭锁”光字的含义、发生原因、造成后果及监控处置要点是什么?

答：(1) 信息释义：监视断路器液压操动机构活塞筒中氮气压力情况，由于压力降低至闭锁值时，将使作用在断路器操作传动杆上的力降低，影响断路器的分合闸。属于危急缺陷。

(2) 原因分析：①断路器机构有泄漏点，氮气压力降低到闭锁值；②压力继电器损坏；③回路故障。

(3) 造成后果：造成断路器分合闸闭锁，如果当时与本断路器有关设备故障，则断路器拒动，断路器失灵保护出口，扩大事故范围。

(4) 监控值班员处置要点：了解现场断路器N_2压力值，是否达到压力低闭锁值，并做断路器拒动事故预想准备。

(5) 需现场运维检查后汇报内容：

1）现场压力表，信号报出是否正确，是否有泄漏。

2）如果确实压力降低至闭锁分合闸，是否已拉开油泵电源闸、断开控制电源（装有失灵保护且控制保护电源未分开的除外）或停保护跳闸出口压板，是否已汇报相关调度，隔离措施和方案如何。

3）如果是误发信号，现场汇报对回路及继电器进行检查情况及消除情况。

25．“××断路器空气压力低分合闸总闭锁”光字的含义、发生原因、造成后果及监控处置要点是什么?

答：(1) 信息释义：监视断路器操动机构空气压力值，反映断路器操动机构情况。由于操动机构油压降低，压力继电器动作，正常应伴有控制回路断线信号。属于危急缺陷。

(2) 原因分析：①断路器操动机构气压回路有泄漏点，气压降低到分闸闭锁值；②压力继电器损坏；③回路故障；④根据气压温度曲线，温度变化时，气压值变化。

(3) 造成后果：如果当时与本断路器有关设备故障，则断路器拒动无法分合闸，扩大事故范围。

(4) 监控值班员处置要点：了解现场断路器空气压力值，是否达到压力低闭锁值，并做断路器拒动事故预想准备。

(5) 需现场运维检查后汇报内容：

1）现场压力表，信号报出是否正确，是否有漏气痕迹。

2）如果检查没有漏气痕迹，是由于运行正常压力降低，或者温度变化引起压力变化造成，则由专业人员带电处理。

3）如果有漏气现象，操动机构压力低闭锁分闸，是否已采取断开断路器控制电源和电机电源的安全措施，是否已汇报相关调度，并根据调度指令将故障断路器隔离做好相应安全措施的情况。

4）如果是误发信号，现场汇报对回路及继电器进行检查情况及消除情况。

26.“××断路器空气压力低合闸闭锁”光字的含义、发生原因、造成后果及监控处置要点是什么?

答:（1）信息释义：监视断路器操动机构空气压力值，反映断路器操动机构情况。由于操动机构空气压力降低，压力继电器动作。属于危急缺陷。

（2）原因分析：①断路器操动机构气压回路有泄漏点，气压降低到分闸闭锁值；②压力继电器损坏；③回路故障；④根据气压温度曲线，温度变化时，气压值变化。

（3）造成后果：造成断路器无法合闸。

（4）监控值班员处置要点：了解现场断路器空气压力值，是否达到压力低闭锁值，了解闭锁分闸限值，以及有无继续下降的趋势；如有继续降低的可能，立即汇报调度存在的风险。

（5）需现场运维检查后汇报内容：

1）现场压力表，信号报出是否正确，是否有漏气痕迹。

2）如果检查没有漏气痕迹，是由于运行正常压力降低，或者温度变化引起压力变化造成，专业人员是否带电处理。

3）如果有漏气现象，操动机构压力低闭锁合闸，根据检查情况运维站确定如何处置方案，是否已汇报调度，是否将根据调度命令将断路器隔离。

4）如果是误发信号，现场汇报对回路及继电器进行检查情况及消除情况。

27.“××断路器空气压力低重合闸闭锁”光字的含义、发生原因、造成后果及监控处置要点是什么?

答:（1）信息释义：监视断路器操动机构气压数值，反映断路器操动机构能量情况。由于操动机构空气压力降低，压力继电器动作。属于危急缺陷。

（2）原因分析：①断路器操动机构气压回路有泄漏点，气压降低到重合闸闭锁值；②压力继电器损坏；③回路故障；④根据气压温度曲线，温度变化时，气压值变化。

（3）造成后果：造成断路器故障跳闸后不能重合。

（4）监控值班员处置要点：了解现场断路器空气压力值，是否压力低至闭锁重合闸值，了解闭锁分闸限值，以及有无继续下降的趋势；如有继续降低的可能，立即汇报调度存在的风险。

（5）需现场运维检查后汇报内容：

1）现场压力表，信号报出是否正确，是否有漏气痕迹。

2）如果检查没有漏气痕迹，是由于运行正常压力降低，或者温度变化引起压力变化造成，专业人员是否带电处理。

3）如果有漏气现象，操动机构压力低闭锁合闸，根据检查情况运维站确定如何处置方案，是否已汇报调度，是否将根据调度命令将断路器隔离。

4）如果是误发信号，现场汇报对回路及继电器进行检查情况及消除情况。

28.“××断路器空气压力低告警”光字的含义、发生原因、造成后果及监控处置要点是什么？

答：（1）信息释义：断路器操动机构空气压力值低于告警值，压力继电器动作。属于严重缺陷。

（2）原因分析：①断路器操动机构气压回路有泄漏点，气压降低到分闸闭锁值；②压力继电器损坏；③回路故障；④根据气压温度曲线，温度变化时，气压值变化。

（3）造成后果：如果压力继续降低，可能造成断路器重合闸闭锁、合闸闭锁、分闸闭锁。

（4）监控值班员处置要点：了解现场断路器空气压力值，是否达到压力低告警值，了解闭锁分合闸限值，以及有无继续下降的趋势；如有继续降低的可能，立即汇报调度存在的风险。

（5）需现场运维检查后汇报内容：

1）现场压力表，检查信号报出是否正确，是否有泄漏。

2）如果压力确实降低至告警值时，是否可带电处理，如必须停电处理时，根据检查情况运维站确定如何处置方案，是否已汇报调度，是否将根据调度命令将断路器隔离。

3）如果是误发信号，现场汇报对回路及继电器进行检查情况及消除情况。

29.“××断路器弹簧未储能”光字的含义、发生原因、造成后果及监控处置要点是什么？

答：（1）信息释义：断路器弹簧未储能，闭锁合闸回路，造成断路器不能合闸。属于危急缺陷，如图3-4所示。

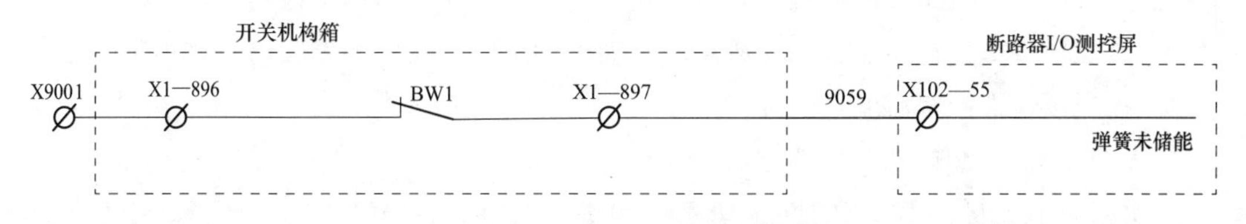

图3-4　断路器弹簧未储能示意图

（2）原因分析：①断路器储能电机损坏；②储能电机继电器损坏；③电机电源消失或控制回路故障；④断路器机械故障。

（3）造成后果：造成断路器不能合闸。

（4）监控值班员处置要点：了解现场断路器储能情况，告知断路器分闸后无法重合闸及无法试送，了解现场能否手动储能。

（5）需现场运维检查后汇报内容：

1）现场机构弹簧储能情况，信号报出是否正确，是否有断路器未储能情况。

2）如果检查断路器储能正常，由于继电器接点信号没有上传造成，是否对信号回路进行检查，更换相应的继电器。

3）如果是电气回路异常或机械回路卡涩造成断路器未储能，根据检查情况运维站确定如何处置方案，是否已汇报调度，是否将根据调度命令将断路器隔离。

30.“××断路器加热器故障”光字的含义、发生原因、造成后果及监控处置要点是什么？

答：(1) 信息释义：断路器加热器回路故障，导致加热器不能正常工作。属于一般缺陷。

(2) 原因分析：①断路器加热电源跳闸；②电源辅助接点接触不良。

(3) 造成后果：当断路器加热器故障时，特别是雨雪天气会造成机构内出现冷凝水，可能会造成二次回路短路或接地，甚至造成断路器拒动或误动。

(4) 监控值班员处置要点：不能恢复，报一般缺陷，做好记录。

(5) 需现场运维检查后汇报内容：

1）根据环境温度，温控器是否运行正常；

2）加热器电源是否正常，小断路器是否跳开；

3）温控器、加热模块及加热回路是否正常；

4）根据检查情况，专业人员处理意见。

31.“××断路器储能电机故障”光字的含义、发生原因、造成后果及监控处置要点是什么？

答：(1) 信息释义：监视断路器储能电机回路运行情况。属于危急缺陷。

(2) 原因分析：①电机电源断线或熔断器熔断（空气小断路器跳开）；②电机电源回路故障；③电机控制回路故障。

(3) 造成后果：断路器操动机构无法储能，造成压力降低闭锁断路器操作。

(4) 监控值班员处置要点：加强断路器操动机构压力及储能等相关信号监视。

(5) 需现场运维检查后汇报内容：

1）电机电源及控制回路是否断线、短路；

2）电机电源及控制电源空气断路器是否跳开，若跳开，经检查无其他异常情况，是否已试合一次；

3）根据检查情况，专业人员处理意见。

32.“××断路器第一（二）组控制回路断线”光字的含义、发生原因、造成后果及监控处置要点是什么？

答：(1) 信息释义：控制电源消失或控制回路故障，造成断路器分合闸操作闭锁。属于危急缺陷。

(2) 原因分析：①二次回路接线松动；②控制熔断器熔断或空气断路器跳闸；③断路

器辅助接点接触不良，合闸或分闸位置继电器故障；④分合闸线圈损坏；⑤断路器机构“远方 / 就地”切换断路器损坏；⑥弹簧机构未储能或断路器机构压力降至闭锁值、SF_6 气体压力降至闭锁值。

(3) 造成后果：不能进行分合闸操作及影响保护跳闸。

(4) 监控值班员处置要点：①如断路器控制电源断线同时伴有“油压低分闸闭锁”、“SF_6 压力低闭锁”等则按照相应导则处理。②了解现场断路器控制回路情况，是否真实操作机构已闭锁分合闸。

(5) 需现场运维检查后汇报内容：

1) 现场断路器检查情况，断路器位置灯是否熄灭，位置灯熄灭说明控制回路断线。

2) 断路器控制回路断路器是否跳开，是否可以立即恢复或找出断路点。

3) 如控制回路断线且无法立即恢复时，是否已汇报调度，是否采取隔离故障断路器措施。

4) 如果是回路故障造成误发信号应对回路进行检查，及时消除故障。

33.“××断路器第一（二）组控制电源消失”光字的含义、发生原因、造成后果及监控处置要点是什么?

答：(1) 信息释义：控制电源小断路器跳闸或控制直流消失。属于危急缺陷。

(2) 原因分析：①控制回路空气断路器跳闸；②控制回路上级电源消失；③误发信号；

(3) 造成后果：不能进行分合闸操作及影响保护跳闸。

(4) 监控值班员处置要点：①如断路器控制电源消失同时伴有“油压低分闸闭锁”、“SF_6 压力低闭锁”等则按照相应导则处理。②了解现场断路器控制回路及电源情况，是否真实操作机构已闭锁分合闸。

(5) 需现场运维检查后汇报内容：

1) 现场断路器检查情况，断路器位置灯是否熄灭，位置灯熄灭说明控制回路断线。

2) 断路器控制回路断路器是否跳开，是否可以立即恢复或找出断路点。

3) 如控制回路断线且无法立即恢复时，是否已汇报调度，是否采取隔离故障断路器措施。

4) 如果是回路故障造成误发信号应对回路进行检查，及时消除故障。

34.“××气室 SF_6 气压低告警（指隔离开关、母线电压互感器、避雷器等气室）”光字的含义、发生原因、造成后果及监控处置要点是什么?

答：(1) 信息释义：××气室 SF_6 压力低于告警值，密度继电器动作发告警信号。属于严重缺陷。

(2) 原因分析：①气室有泄漏点，压力降低到告警值；②密度继电器失灵；③回路故障；④根据 SF_6 压力温度曲线，温度变化时，SF_6 压力值变化。

(3) 造成后果：气室绝缘性能降低，影响正常倒闸操作。

(4) 监控值班员处置要点：了解现场气室 SF_6 压力值及告警限值。

(5) 需现场运维检查后汇报内容:

1) 现场压力表情况，信号报出是否正确，是否有漏气，检查前注意通风，防止 SF_6 中毒;

2) 如果检查没有漏气，是由于运行正常压力降低或者温度变化引起压力变化造成，是否立即专业人员带电补气;

3) 如果有漏气现象，则应密切监视断路器 SF_6 压力值，是否已汇报调度，等候处理;

4) 如果是误发信号，现场汇报对回路及继电器进行检查情况及消除情况。

35. "×× 断路器汇控柜交流电源消失"光字的含义、发生原因、造成后果及监控处置要点是什么?

答: (1) 信息释义: ×× 断路器汇控柜中各交流回路电源有消失情况。属于危急缺陷。

(2) 原因分析: ①汇控柜中任一交流电源小空气断路器跳闸，或几个交流电源小空气断路器跳闸; ②汇控柜中任一交流回路有故障，或几个交流回路有故障。

(3) 造成后果: 无法进行相关操作。

(4) 监控值班员处置要点: 了解断路器汇控柜交流消失信号和其他信息情况; 了解对操动机构储能的影响，加强相关信号监视。

(5) 需现场运维检查后汇报内容:

1) 汇控柜内各交流电源小空气断路器是否有跳闸、虚接等情况;

2) 无法找到原因，请相关专业人员检查各交流回路完好性，查找原因并处理。

36. "×× 断路器汇控柜直流电源消失"光字的含义、发生原因、造成后果及监控处置要点是什么?

答: (1) 信息释义: ×× 断路器汇控柜中各直流回路电源有消失情况。属于危急缺陷。

(2) 原因分析: ①汇控柜中任一直流电源小空气断路器跳闸，或几个直流电源小空气断路器断路器跳闸; ②汇控柜中任一直流回路有故障，或几个直流回路有故障。

(3) 造成后果: 无法进行相关操作或信号无法上送。

(4) 监控值班员处置要点: 了解断路器汇控柜直流消失信号和其他信息情况，了解对操动机构储能的影响，如断路器无法远方操作则立即汇报调度，并加强相关信号监视。

(5) 需现场运维检查后汇报内容:

1) 汇控柜内各直流电源小空气断路器是否有跳闸、虚接等情况;

2) 无法找到原因，请相关专业人员检查各直流回路完好性，查找原因并处理。

37. "×× 隔离开关电机电源消失"光字的含义、发生原因、造成后果及监控处置要点是什么?

答: (1) 信息释义: 监视隔离开关操作电源，反映隔离开关电机电源情况。由于隔离开关电机电源消失，继电器动作发出信号。属于一般缺陷。

(2) 原因分析: ①隔离开关电机电源断路器跳闸; ②继电器损坏，误发; ③回路故障，误发。

（3）造成后果：造成隔离开关无法正常电动拉合，如果有工作或故障，无法隔离相关设备。

（4）监控值班员处置要点：了解现场隔离开关电机电源消失原因（常规站的隔离开关操作电源断开）。

（5）需现场运维检查后汇报内容：

1）现场设备情况，信号报出是否正确，确认电源是否消失。

2）如果电源消失，应尽快查明原因，如运维人员能处理尽快处理，使异常设备恢复正常，如自行无法处理应尽快报专业班组解决。

3）如果是误发信号，现场汇报对回路及继电器进行检查情况及消除情况。

38.“××隔离开关电机故障”光字的含义、发生原因、造成后果及监控处置要点是什么？

答：（1）信息释义：监视隔离开关电机运行，反映隔离开关电机运行情况。由于隔离开关电机故障，继电器动作发出信号。属于一般缺陷。

（2）原因分析：①隔离开关电机本身发生故障（如运转超时，电机过温等）；②继电器损坏，误发；③回路故障，误发。

（3）造成后果：造成隔离开关无法正常电动拉合，如果有工作或故障，无法隔离相关设备。

（4）监控值班员处置要点：了解现场隔离开关电机故障原因。

（5）需现场运维检查后汇报内容：

1）现场设备检查情况，信号报出是否正确，确认电机是否故障。

2）如果电机故障，应尽快查明原因，如运维人员能处理尽快处理，使异常设备恢复正常，如自行无法处理应尽快报专业班组解决。

3）如果是误发信号，现场汇报对回路及继电器进行检查情况及消除情况。

39.“××隔离开关加热器故障”光字的含义、发生原因、造成后果及监控处置要点是什么？

答：（1）信息释义：监视隔离开关加热器运行，反映隔离开关加热器运行情况。由于隔离开关加热器故障，继电器动作发出信号。属于一般缺陷。

（2）原因分析：①隔离开关加热器本身发生故障；②继电器损坏，误发；③回路故障，误发。

（3）造成后果：造成隔离开关机构箱温度过低或潮湿，易造成隔离开关操作箱内二次设备接地或损坏。

（4）监控值班员处置要点：了解现场隔离开关加热器故障原因。

（5）需现场运维检查后汇报内容：

1）现场设备检查情况，信号报出是否正确，确认加热器是否故障。

2）如果加热器故障，应尽快查明原因，如运维人员能处理尽快处理，使异常设备恢复正常，如自行无法处理应尽快报专业班组解决。

3）如果是误发信号，现场汇报对回路及继电器进行检查情况及消除情况。

40. “××电流互感器 SF_6 压力低告警”光字的含义、发生原因、造成后果及监控处置要点是什么？

答：（1）信息释义：电流互感器 SF_6 数值，反映断路器绝缘情况。由于 SF_6 压力降低，继电器动作。属于危急缺陷。

（2）原因分析：① SF_6 电流互感器密封不严，有泄漏点；② SF_6 压力表计或压力继电器损坏；③由于环境温度变化引起 SF_6 电流互感器内部 SF_6 压力变化，一般多发生于室外设备和环境温度较低时。

（3）造成后果：如果 SF_6 压力进一步降低，有可能造成电流互感器绝缘击穿。

（4）监控值班员处置要点：了解现场气室 SF_6 压力值及告警限值。

（5）需现场运维检查后汇报内容：

1）现场压力表情况，信号报出是否正确，是否有漏气，检查前注意通风，防止 SF_6 中毒。

2）如果检查没有漏气，是由于运行正常压力降低或者温度变化引起压力变化造成，是否立即专业人员带电补气。

3）如果有漏气现象，则应密切监视断路器 SF_6 压力值，根据检查情况运维站确定如何处置方案，是否已汇报调度，是否将根据调度命令将该设备隔离。

4）如果是误发信号，现场汇报对回路及继电器进行检查情况及消除情况。

41.“××电压互感器保护二次电压空开跳开”光字的含义、发生原因、造成后果及监控处置要点是什么？

答：（1）信息释义：监视电压互感器保护二次电压空气断路器运行情况。属于危急缺陷。

（2）原因分析：①空气断路器老化跳闸；②空气断路器负载有短路等情况；③误跳闸。

（3）造成后果：造成正常运行的母线、变压器等相关保护失去电压值，使相关保护可靠性将低，对自投装置产生影响。

（4）监控值班员处置要点：检查相邻间隔有无异常信息，了解异常对相关设备的影响。

（5）需现场运维检查后汇报内容：

1）现场信号报出是否正确，电压互感器保护二次电压空气断路器是否跳开。

2）如果检查电压互感器回路没有异常，可能属于空气断路器误跳，是否已将电压互感器保护二次电压空气断路器合上。

3）如果无法合上等问题，是否已汇报调度，采取何种防止相关保护及自动装置误动的措施。

4）如果是误发信号，现场汇报对回路及继电器进行检查情况及消除情况。

42.“× × 母线电压互感器并列”光字的含义、发生原因、造成后果及监控处置要点是什么？

答：(1) 信息释义：主要监视双母线方式下，正常情况或倒母线过程中隔离开关是否合到位。

(2) 原因分析：①两条母线隔离开关都合上时由保护装置的电压切换发出此信号；②继电器损坏，误发；③回路故障，误发。发生原因①时，属正常监视；发生②、③原因时属于危急缺陷。

(3) 造成后果：造成两条母线电压互感器并列运行，影响保护装置的正确动作。

(4) 监控值班员处置要点：①检查设备是否属于正常倒闸操作信号。②如果现场无操作，了解异常对相关设备的影响。

(5) 需现场运维检查后汇报内容：

1) 如果隔离开关操作后，此信号未能正确反映隔离开关位置，相应隔离开关切换继电器是否有卡制等异常造成此现象，处理方案如何。

2) 如果站内无隔离开关操作，如果是误发信号，现场汇报对回路及继电器进行检查情况及消除情况。

43.“× × 主变冷却器电源消失”光字的含义、发生原因、造成后果及监控处置要点是什么？

答：(1) 信息释义：主变冷却器装置失去工作电源。属于严重缺陷。

(2) 原因分析：①冷却器控制回路或交流电源回路有短路现象，造成电源空气断路器跳开；②监视继电器故障。

(3) 造成后果：影响变压器冷却系统正常运行，导致变压器不能正常散热。对于强油风冷（水冷）变压器，当两路电源全部失去时，造成变压器停电。

(4) 监控值班员处置要点：检查并加强监视变压器的温度及负荷情况，了解主变冷却方式是否强迫油循环，如油温有上升趋势，立即汇报调度处理。

(5) 需现场运维检查后汇报内容：

1) 核对现场变压器温度及负荷情况。现场监控后台是否发此信号，变压器运行及主变冷却系统运行是否正常。

2) 如果现场监控机未发此信号，冷却系统运行正常。变压器温度及负荷情况正常，属于误发信号，配合监控填报缺陷让专业班组进行处理。

3) 如果冷却系统运行电源有问题，造成一路或两路电源失电，检查电源回路，能否立即恢复，如果未发现明显故障或不能立即恢复，运维站是否已汇报专业班组进行处理。

44.“× × 主变冷却器故障（强油风冷、水冷变压器）”光字的含义、发生原因、造成后果及监控处置要点是什么？

答：(1) 信息释义：强油风冷、水冷变压器冷却器故障，发此信号。属于严重缺陷。

（2）原因分析：①冷却器装置电机过载、热继电器、油流继电器动作；②冷却器电机、油泵故障；③冷却器交流电源或控制电源消失。

（3）造成后果：影响变压器冷却系统正常运行，导致变压器不能正常散热。

（4）监控值班员处置要点：①检查并加强监视变压器的温度及负荷情况。②了解备用冷却器投入情况；如油温有上升趋势，立即汇报调度处理。

（5）需现场运维检查后汇报内容：

1）核对变压器温度及负荷情况。是否故障冷却器切至停止位置，备用冷却器是否自动投入，必要时手动投入。

2）如果冷却器故障（风扇、油泵故障电源故障，热耦继电器动作，二次回路断线、短路等），冷却器回路检查情况，能否立即恢复，如果未发现明显故障或不能立即恢复，是否已汇报让专业班组进行处理。

3）如果现场监控后台未发此信号，冷却系统运行正常。变压器温度及负荷情况正常，属于误发信号，配合监控填报缺陷让专业班组进行处理。

45.“××主变风扇故障（油浸风冷变压器）”光字的含义、发生原因、造成后果及监控处置要点是什么？

答：（1）信息释义：油浸风冷变压器冷却器故障，发此信号。属于严重故障。

（2）原因分析：①风扇电机故障；②风扇电源消失。

（3）造成后果：影响变压器冷却系统正常运行，导致变压器不能正常散热。

（4）监控值班员处置要点：①检查并加强监视变压器的温度及负荷情况。②了解备用冷却器投入情况；如油温有上升趋势，立即汇报调度处理。

（5）需现场运维检查后汇报内容：

1）核对变压器温度及负荷情况。是否故障风扇切至停止位置。

2）如果风扇故障，应查看是能否立即恢复，如果未发现明显故障或不能立即恢复，是否已汇报，让专业班组进行处理。

3）如果现场监控后台未发此信号，冷却系统运行正常。变压器温度及负荷情况正常，属于误发信号，配合监控填报缺陷让专业班组进行处理。

46.“××主变冷却器全停告警”光字的含义、发生原因、造成后果及监控处置要点是什么？

答：（1）信息释义：监视变压器冷却器行状态。变压器冷却器系统电源故障，发此信号。强油风冷（水冷）变压器冷却器系统电源全部消失，延时跳闸。属于危急缺陷。

（2）原因分析：①两组冷却器电源消失；②一组冷却器电源消失后，自动切换回路故障，造成另一组电源不能投入；③冷却器控制回路或交流电源回路有短路现象，造成两组电源空气断路器跳开。

（3）造成后果：影响风冷（水冷）变压器冷却器系统正常运行，导致变压器不能正常散热，到达时间后变压器三侧断路器跳闸。

（4）监控值班员处置要点：①检查并加强监视变压器的温度及负荷情况；②了解主变冷却方式是否强迫油循环。如主变冷却方式为强迫油循环则有 20min 后跳闸风险，立即汇报调度告知风险。

（5）需现场运维检查后汇报内容：

1）核对变压器温度及负荷情况，密切跟踪变压器温度变化情况，根据规程处理。

2）如果冷却器系统电源故障，应查看能否立即恢复，如果未发现明显故障或不能立即恢复，是否已汇报，让专业班组进行处理。

3）如果现场监控后台未发此信号，冷却系统运行正常。变压器温度及负荷情况正常，属于误发信号，配合监控填报缺陷让专业班组进行处理。

47.“×× 主变本体轻瓦斯告警”光字的含义、发生原因、造成后果及监控处置要点是什么?

答：（1）信息释义：反映主变本体内部异常。属于危急缺陷。

（2）原因分析：①主变内部发生轻微故障；②因温度下降或漏油使油位下降；③因穿越性短路故障或震动引起；④储油柜空气不畅通；⑤直流回路绝缘破坏；⑥瓦斯继电器本身有缺陷等；⑦二次回路误动作。

（3）造成后果：发轻瓦斯保护动作信号。

（4）监控值班员处置要点：①检查并加强监视变压器负荷情况；②了解主变轻瓦斯动作原因；③做好发展为重瓦斯跳闸的事故预想。

（5）需现场运维检查后汇报内容：

1）主变本体瓦斯继电器的检查情况。

2）若瓦斯继电器内无气体或有气体经检验确认为空气而造成轻瓦斯保护动作时，主变压器可继续运行，同时进行相应的处理。

3）将空气放尽后，如果继续动作，且信号动作间隔时间逐次缩短，应报告调度，同时查明原因并尽快消除。

4）轻瓦斯动作，继电器内有气体，应对气体进行化验，由公司主管领导根据化验结果，确定主变压器是否退出运行。

5）如果是二次回路故障造成误发信号，现场检查无异常时，按一般缺陷上报，等待专业班组来站处理。

48.“×× 主变本体压力释放告警”光字的含义、发生原因、造成后果及监控处置要点是什么?

答：（1）信息释义：主变本体压力释放阀门启动，当主变内部压力值超过设定值时，压力释放阀动作开始泄压，当压力恢复正常时压力释放阀自动恢复原状态。属于危急缺陷。

（2）原因分析：①变压器内部故障；②呼吸系统堵塞；③变压器运行温度过高，内部压力升高；④变压器补充油时操作不当。

（3）造成后果：本体压力释放阀喷油。

(4) 监控值班员处置要点：①检查并加强监视变压器温度及负荷情况；②了解主变压力释放动作原因。

(5) 需现场运维检查后汇报内容：

1) 检查呼吸器是否堵塞，更换呼吸器时应暂时停用本体重瓦斯，待更换完毕后再重新将本体重瓦斯恢复；

2) 检查储油柜的油位是否正常；

3) 检查现场是否有工作人员给变压器补充油时操作不当；

4) 如果是二次回路故障造成误发信号，现场检查无异常时安排处理。

49.“××主变本体压力突变告警”光字的含义、发生原因、造成后果及监控处置要点是什么?

答：(1) 信息释义：监视主变本体油流、油压变化，压力变化率超过告警值。属于危急缺陷。

(2) 原因分析：①变压器内部故障；②呼吸系统堵塞；③油压速动继电器误发。

(3) 造成后果：有进一步造成瓦斯继电器或压力释放阀动作的危险。

(4) 监控值班员处置要点：①检查并加强监视变压器温度及负荷情况。②了解主变压力突变动作原因。

(5) 需现场运维检查后汇报内容：

1) 检查呼吸器是否堵塞，如堵塞则更换呼吸器；

2) 检查储油柜的油位是否正常；

3) 如果是二次回路故障造成误发信号，现场检查无异常时安排处理。

50.“××主变本体油温过高告警”光字的含义、发生原因、造成后果及监控处置要点是什么?

答：(1) 信息释义：监视主变本体油温数值，反映主变运行情况。油温高于超温跳闸限值时，非电量保护跳主变各侧断路器；现场一般仅投信号。属于危急缺陷。

(2) 原因分析：①变压器内部故障；②主变过负荷；③主变冷却器故障或异常。

(3) 造成后果：可能引起主变停运。

(4) 监控值班员处置要点：①检查并加强监视变压器温度及负荷情况。②了解主变油温高原因。③了解主变冷却器运行情况。

(5) 需现场运维检查后汇报内容：

1) 核对分析比较三相主变的负荷情况、冷却风扇、油泵运转情况、冷却回路阀门开启情况、投切台数、油流指示器指示、温度计、散热器等有无异常或不一致性；

2) 将温度异常和检查结果向调度汇报，必要时向调度申请降负荷、停运。

51.“××主变本体油温高告警”光字的含义、发生原因、造成后果及监控处置要点是什么?

答：(1) 信息释义：主变本体油温高时发跳闸信号但不做用于跳闸。属于严重缺陷。

（2）原因分析：①变压器内部故障；②主变过负荷；③主变冷却器故障或异常。

（3）造成后果：主变本体油温高于告警值，影响主变绝缘。

（4）监控值班员处置要点：了解主变油温高原因并加强监视负荷情况，了解主变冷却器运行情况。

（5）需现场运维检查后汇报内容：

1）核对分析比较三相主变的负荷情况、冷却风扇、油泵运转情况、冷却回路阀门开启情况、投切台数、油流指示器指示、温度计、散热器等有无异常或不一致性；

2）将温度异常和检查结果向调度汇报，必要时向调度申请降负荷、停运。

52.“××主变本体油位告警”光字的含义、发生原因、造成后果及监控处置要点是什么?

答：（1）信息释义：主变本体油位偏高或偏低时告警。属于严重缺陷。

（2）原因分析：①变压器内部故障；②主变过负荷；③主变冷却器故障或异常；④变压器漏油造成的油位低；⑤环境温度变化造成油位异常。

（3）造成后果：主变本体油位偏高可能造成油压过高，有导致主变本体压力释放阀动作的危险；主变本体油位偏低可能影响主变绝缘。

（4）监控值班员处置要点：①检查并加强监视变压器温度及负荷情况。②了解主变油位异常原因，是过高还是过低。

（5）需现场运维检查后汇报内容：

1）核对分析比较三相主变的负荷情况、冷却风扇、油泵运转情况、冷却回路阀门开启情况、投切台数、油流指示器指示、温度计、散热器等有无异常或不一致性；

2）是否有渗漏油情况；

3）油位低时的补油情况。

53.“××主变有载轻瓦斯告警”光字的含义、发生原因、造成后果及监控处置要点是什么?

答：（1）信息释义：反映变压器有载调压箱内部有异常。属于严重缺陷。

（2）原因分析：①调压箱内部发生轻微故障；②因温度下降或漏油使油位下降；③因穿越性短路故障或震动引起；④储油柜空气不畅通；⑤直流回路绝缘破坏；⑥瓦斯继电器本身有缺陷等；⑦二次回路误动作。

（3）造成后果：发出有载轻瓦斯保护动作信号。

（4）监控值班员处置要点：①退出主变有载调压AVC控制；②检查并加强监视变压器负荷情况；③了解主变有载轻瓦斯动作原因。

（5）需现场运维检查后汇报内容：

1）主变有载瓦斯继电器的检查情况。

2）若有载瓦斯继电器内无气体或有气体经检验确认为空气而造成轻瓦斯保护动作时，

主变压器可继续运行，同时进行相应的处理。

3）将空气放尽后，如果继续动作，且信号动作间隔时间逐次缩短，应报告调度，同时查明原因并尽快消除。

4）轻瓦斯动作，继电器内有气体，应对气体进行化验，由公司主管领导根据化验结果，确定主变压器是否退出运行。

5）如果是二次回路故障造成误发信号，现场检查无异常时，按一般缺陷上报，等待专业班组来站处理。

54.“×× 主变有载压力释放告警”光字的含义、发生原因、造成后果及监控处置要点是什么?

答:（1）信息释义：调压箱压力释放阀门启动，当主变内部压力值超过设定值时，压力释放阀动作开始泄压，当压力恢复正常时压力释放阀自动恢复原状态。属于危急缺陷。

（2）原因分析：①有载调压箱内部故障；②呼吸系统堵塞；③变压器运行温度过高，内部压力升高；④变压器补充油时操作不当。

（3）造成后果：有载调压压力释放阀喷油。

（4）监控值班员处置要点：(同主变本体压力释放告警)。

（5）需现场运维检查后汇报内容：(同主变本体压力释放告警)。

55.“×× 主变有载油位告警”光字的含义、发生原因、造成后果及监控处置要点是什么?

答:（1）信息释义：主变有载调压箱油位偏高或偏低时告警。属于严重缺陷。

（2）原因分析：①变压器内部故障；②主变过负荷；③主变冷却器故障或异常；④变压器漏油造成的油位低；⑤环境温度变化造成油位异常。

（3）造成后果：主变调压箱油位偏高可能造成油压过高，有导致主变调压箱压力释放阀动作的危险；主变调压箱油位偏低可能影响主变绝缘。

（4）监控值班员处置要点：①退出主变有载调压 AVC 控制；②检查并加强监视变压器温度及负荷情况；③了解主变有载油位异常原因。

（5）需现场运维检查后汇报内容：

1）主变有载调压箱是否有渗漏油情况；是否已停止有载调压。

2）油位低时的补油情况。

56.“×× 断路器保护装置异常”光字的含义、发生原因、造成后果及监控处置要点是什么?

答:（1）信息释义：断路器保护装置处于异常运行状态。属于危急缺陷。

（2）原因分析：①电流互感器断线；②电压互感器断线；③内部通信出错；④ CPU 检测到长期启动等。

（3）造成后果：断路器保护装置部分功能处于不可用状态。

（4）监控值班员处置要点：要求现场及时恢复正常或了解现场无法复归原因。

（5）需现场运维检查后汇报内容：

1）断路器保护装置各信号指示灯情况，液晶面板显示内容。

2）是否有装置自检报告和开入变位报告，并结合其他装置进行综合判断。

57.“××断路器保护装置故障”光字的含义、发生原因、造成后果及监控处置要点是什么?

答：（1）信息释义：断路器保护装置故障。属于危急缺陷。

（2）原因分析：①断路器保护装置内存出错、定值区出错等硬件本身故障。②断路器保护装置失电。

（3）造成后果：断路器保护装置处于不可用状态，保护可能已退出运行。

（4）监控值班员处置要点：了解断路器保护装置情况，做好停役准备。

（5）需现场运维检查后汇报内容：

1）断路器保护装置各信号指示灯检查情况，液晶面板显示内容。

2）装置电源、自检报告和开入变位报告，并结合其他装置进行综合判断情况。

3）是否已汇报调度，停运相应的保护装置。

58.“××主变××侧过负荷告警”光字的含义、发生原因、造成后果及监控处置要点是什么?

答：（1）信息释义：主变××侧电流高于过负荷告警定值。

（2）原因分析：变压器过载运行或事故过负荷。

（3）造成后果：主变发热甚至烧毁，加速绝缘老化，影响主变寿命。

（4）监控值班员处置要点：①检查并加强监视变压器的负荷及温度情况；②了解主变过负荷原因；③要求现场加强特巡。

（5）需现场运维检查后汇报内容：

1）所有冷却器是否投入。

2）加强运行监控，超过规定值时及时向调度汇报，必要时申请降低负荷或将主变停运。

59.“××主变保护装置告警”光字的含义、发生原因、造成后果及监控处置要点是什么?

答：（1）信息释义：主变保护装置处于异常运行状态。属于危急缺陷。

（2）原因分析：①电流互感器断线；②电压互感器断线；③内部通信出错；④CPU检测到电流、电压采样异常，⑤装置长期启动。

（3）造成后果：主变保护装置部分功能不可用。

（4）监控值班员处置要点：了解主变保护装置情况。

（5）需现场运维检查后汇报内容：

1）主变保护装置各信号指示灯检查情况，液晶面板显示内容。

2）装置自检报告报告，并结合其他装置进行综合判断。

3）是否已汇报调度并通知专业班组处理。

60.“××主变保护装置故障”光字的含义、发生原因、造成后果及监控处置要点是什么？

答：（1）信息释义：监视主变各侧保护装置的状况，由于装置本身原因，造成主变保护装置故障告警。属于危急缺陷。

（2）原因分析：主变保护装置本身问题。

（3）造成后果：可能造成失去保护，致使故障时保护拒动。

（4）监控值班员处置要点：①了解主变保护装置情况，是否已部分或全部失去保护功能；②了解主变是否可继续运行。

（5）需现场运维检查后汇报内容：

1）主变保护屏保护装置电源空气断路器是否跳开。

2）主变保护装置各信号指示灯检查情况，液晶面板显示内容。

3）装置自检报告报告，并结合其他装置进行综合判断。

4）是否已汇报调度并通知专业班组处理。

61.“××主变保护电压互感器断线”光字的含义、发生原因、造成后果及监控处置要点是什么？

答：（1）信息释义：监视主变各侧电压互感器及主变保护电压输入量的状况，由于主变各侧电压互感器异常及电压互感器二次断路器跳闸或者电压互感器二次接线松动，造成主变保护电压输入量异常，经过延时后发出主变电压互感器断线信号。属于危急缺陷。

（2）原因分析：①任意一侧电压互感器二次小断路器跳闸或者熔断器熔断；②任意一侧主变电压互感器二次回路接线有松动异常；③主变任一侧电压互感器损坏。

（3）造成后果：可能造成主变对应各侧复合电压闭锁过流保护复压判别元件退出，使合电压闭锁过流保护变成纯过流保护，同时所有距离元件、负序方向元件、带方向的零序保护也闭锁，退出运行。

（4）监控值班员处置要点：①检查该母线电压及同一母线上各间隔电压断线情况；②了解主变保护装置电压情况及该主变保护有其他异常信息。

（5）需现场运维检查后汇报内容：

1）主变保护装置电压失去情况原因，及时排除。

2）不能及时处理的故障，是否已汇报调度并通知专业班组到现场处理。

62.“××主变保护电流互感器断线”光字的含义、发生原因、造成后果及监控处置要点是什么？

答：（1）信息释义：监视主变各侧电流互感器及主变保护电流输入量的状况，由于主变各侧电流互感器异常或者电流互感器二次接线松动、开路，造成主变保护电流输入量异常，经过延时后发出主变电流互感器断线信号。属于危急缺陷。

（2）原因分析：①任意一侧电流互感器损坏、异常；②任意一侧主变电流互感器二次回路接线有松动异常或者开路现象。

（3）造成后果：在电流互感器二次产生高压，闭锁有关差动保护。

（4）监控值班员处置要点：①检查主变各侧负荷变化情况；②了解主变保护装置电流互感器断线原因。

（5）需现场运维检查后汇报内容：

1）主变保护装置电流互感器断线情况原因，及时排除。

2）不能及时处理的故障，是否已汇报调度；是否停用变压器差动保护。

3）是否通知专业班组到现场处理。

63.“××线路第一（二）套保护通道故障”光字的含义、发生原因、造成后果及监控处置要点是什么?

答：（1）信息释义：保护通道通信中断，两侧保护无法交换信息。属于危急缺陷。

（2）原因分析：

1）光纤通道：①保护装置内部元件故障；②尾纤连接松动或损坏、法兰头损坏；③光电转换装置故障；④通信设备故障或光纤通道问题。

2）高频通道：①收发信机故障；②结合滤波器、耦合电容器、阻波器、高频电缆等设备故障；③误合结合滤波器接地断路器；④天气或湿度变化。

（3）造成后果：①差动保护或纵联距离（方向）保护无法动作；②高频保护可能误动或拒动。

（4）监控值班员处置要点：检查保护装置其他异常情况，立即汇报相关调度，了解线路两侧保护通道情况。

（5）需现场运维检查后汇报内容：

1）保护装置运行检查情况，光电转换装置运行情况。

2）如果通道故障短时复归，做好记录加强监视。

3）如果无法复归或短时间内频繁出现，是否已汇报调度；是否已根据调度指令退出相关保护。

64.“××线路第一（二）套保护电流互感器断线”光字的含义、发生原因、造成后果及监控处置要点是什么?

答：（1）信息释义：线路保护装置检测到电流互感器二次回路开路或采样值异常等原因造成差动不平衡电流超过定值延时发电流互感器断线信号。属于危急缺陷。

（2）原因分析：①保护装置采样插件损坏；②电流互感器二次接线松动；③电流互感器损坏。

（3）造成后果：①线路保护装置差动保护功能闭锁；②线路保护装置过流元件不可用；

③可能造成保护误动作。

（4）监控值班员处置要点：检查保护装置是否有其他异常信号，了解保护装置电流互感器断线情况。

（5）需现场运维检查后汇报内容：

1）现场检查端子箱、保护装置电流接线端子连片紧固情况。

2）观察装置面板采样，确定电流互感器采样异常相别。

3）观察装置电流互感器采样插件，无异常气味。

4）观察设备区电流互感器有无异常声响。

5）是否已汇报调度并向其申请退出可能误动的保护。

6）调度指令停运一次设备情况。

65.“××线路第一（二）套保护电压互感器断线”光字的含义、发生原因、造成后果及监控处置要点是什么？

答：（1）信息释义：线路保护装置检测到电压消失或三相不平衡。属于危急缺陷。

（2）原因分析：①保护装置采样插件损坏；②电压互感器二次接线松动；③电压互感器二次空气断路器跳开；④电压互感器一次异常。

（3）造成后果：①保护装置距离保护功能闭锁；②保护装置方向元件不可用。

（4）监控值班员处置要点：①检查该母线电压及同一母线上各间隔电压断线情况；②检查保护装置是否有其他异常信号；③了解保护装置电压互感器断线情况，是否可继续运行。

（5）需现场运维检查后汇报内容：

1）现场各级电压互感器电压小断路器处于合位状态检查情况。

2）装置面板采样，确定电压互感器采样异常相别的检查情况。

3）装置电压互感器采样插件，无异常气味。

4）电压切换是否正常检查情况。

5）是否缺陷处理需要，已向调度申请退出本套保护。

66.“××线路第一（二）套保护装置故障”光字的含义、发生原因、造成后果及监控处置要点是什么？

答：（1）信息释义：装置自检、巡检发生严重错误，装置闭锁所有保护功能。属于危急缺陷。

（2）原因分析：①保护装置内存出错、定值区出错等硬件本身故障。②装置失电。

（3）造成后果：保护装置处于不可用状态。

（4）监控值班员处置要点：①了解保护装置情况，是否已部分或全部失去保护功能；②了解线路是否可继续运行。

（5）需现场运维检查后汇报内容：

1）保护装置各信号指示灯检查情况，液晶面板显示内容。

2）装置电源、自检报告，并结合其他装置进行综合判断意见。

3）是否已将检查结果汇报调度，并停运相应的保护装置。

67.“××线路第一（二）套保护装置告警”光字的含义、发生原因、造成后果及监控处置要点是什么？

答：(1) 信息释义：保护装置处于异常运行状态。属于危急缺陷。

(2) 原因分析：①电流互感器断线；②电压互感器断线；③CPU检测到电流、电压采样异常；④内部通信出错；⑤装置长期启动；⑥保护装置插件或部分功能异常；⑦通道异常。

(3) 造成后果：保护装置部分功能不可用。

(4) 监控值班员处置要点：检查该间隔遥测是否正常，检查保护装置是否其他信号，了解保护装置情况。

(5) 需现场运维检查后汇报内容：

1）线路保护装置各信号指示灯检查情况，液晶面板显示内容。

2）装置自检报告和开入变位报告，并结合其他装置进行综合判断，装置告警能否复归。

3）装置告警无法复归时立即汇报调度，并运维站通知修试单位处理。

4）视消缺需要，现场运维站是否向调度申请退出本套保护。

68.“220kV××母线第一（二）套母差保护电流互感器断线告警”光字的含义、发生原因、造成后果及监控处置要点是什么？

答：(1) 信息释义：母差保护电流互感器回路断线。属于危急缺陷。

(2) 原因分析：电流互感器二次回路断线、接点松动、接点虚接、保护装置内部异常等原因。

(3) 造成后果：在电流互感器二次产生高压，闭锁母线差动保护。

(4) 监控值班员处置要点：①检查本母线另一套母差保护是否发电流互感器断线信号，如另一套母差保护也发断线信号应立即检查本母线各间隔的三相电流值是否正常，如本母线另一套母差保护未发电流互感器断线信号说明异常发生在本套装置内部。②了解保护装置电流互感器断线情况。

(5) 需现场运维检查后汇报内容：运维站人员到站检查后的详细检查结果及处理意见，如需停用保护是否已向相关调度申请。

69.“220kV××母线第一（二）套母差保护电压互感器断线告警”光字的含义、发生原因、造成后果及监控处置要点是什么？

答：(1) 信息释义：母线保护电压互感器回路断线。属于危急缺陷。

(2) 原因分析：电压互感器二次回路小断路器跳闸、熔断器熔断、断线、接点松动、接点虚接、保护装置内部异常等原因。

(3) 造成后果：母差保护的复压闭锁一直开放，不闭锁母差保护。

（4）监控值班员处置要点：①检查本母线另一套母差保护、线路保护、变压器差动保护等是否发电压互感器断线信号，如其他保护也发断线信号应立即检查对应母线电压是否正常，如其他保护未发电压互感器断线信号说明异常发生在装置内部。②了解保护装置电压互感器断线情况。

（5）需现场运维检查后汇报内容：运维站人员到站检查后的详细检查结果及处理意见，如需停用保护是否已向相关调度申请。

70.“220kV××母线第一（二）套母差保护装置异常”光字的含义、发生原因、造成后果及监控处置要点是什么？

答：（1）信息释义：母差保护装置发生异常，如不及时处理将影响保护的正常运行。属于危急缺陷。

（2）原因分析：电压互感器断线、电流互感器断线、长期有差流、通道异常、三相电流不平衡等。

（3）造成后果：本套保护装置被闭锁，造成母线保护失去或不被闭锁，造成保护不能正确动作。

（4）监控值班员处置要点：要求现场及时恢复正常或了解现场无法复归原因。

（5）需现场运维检查后汇报内容：

1）运维站人员到站检查后的保护装置异常告警能否复归及其他详细检查结果及处理意见。

2）如需停用保护是否已向相关调度申请。

71.“220kV××母线第一（二）套母差保护装置故障”光字的含义、发生原因、造成后果及监控处置要点是什么？

答：（1）信息释义：母差保护装置内部发生严重故障，影响保护的正确动作。属于危急缺陷。

（2）原因分析：保护装置开入、开出模块、电源模块、管理模块、交流模块、管理板、保护用 CPU 等模块发生故障。

（3）造成后果：本套保护装置被闭锁，造成母线保护失去或不被闭锁，造成保护不能正确动作。

（4）监控值班员处置要点：①了解保护装置情况，是否已部分或全部失去保护功能；②了解现场处理方案。

（5）现场运维检查后汇报内容：运维站人员到站检查后的详细检查结果及处理意见，如需停用保护是否已向相关调度申请。

72.“××备自投装置异常”光字的含义、发生原因、造成后果及监控处置要点是什么？

答：（1）信息释义：备自投装置自检、巡检发生错误，不闭锁保护，但部分保护功能可能会受到影响。属于危急缺陷。

（2）原因分析：①电流互感器、电压互感器断线；②备自投装置有闭锁备自投信号开入；③断路器跳闸位置异常。

（3）造成后果：退出部分保护功能。

（4）监控值班员处置要点：检查备用电源电压，要求现场及时恢复正常或了解现场无法复归原因。

（5）需现场运维检查后汇报内容：

1）保护装置异常告警能否复归、保护装置报文及指示灯检查情况；

2）保护装置、电压互感器、电流互感器的二次回路有无明显异常的检查情况；

3）根据检查情况，如需停用保护是否已向相关调度申请，由专业人员进行处理。

73.“××备自投装置故障”光字的含义、发生原因、造成后果及监控处置要点是什么？

答：（1）信息释义：备自投装置自检、巡检发生严重错误，装置闭锁所有保护功能。属于危急缺陷。

（2）原因分析：①装置内部元件故障；②保护程序、定值出错等，自检、巡检异常；③装置直流电源消失。

（3）造成后果：闭锁所有保护功能，如果当时所保护设备故障，则保护拒动。

（4）监控值班员处置步骤：①检查保护装置充电是否正常，检查备用电源电压是否正常；②了解保护装置情况，是否已部分或全部失去保护功能。

（5）需现场运维检查后汇报内容：

1）保护装置报文及指示灯检查情况；

2）保护装置电源空气断路器是否跳开；

3）为防止保护拒动、误动，是否汇报调度，停用保护装置；

4）根据检查情况，是否通知专业人员进行处理。

74.“电容器/电抗器保护装置异常”光字的含义、发生原因、造成后果及监控处置要点是什么？

答：（1）信息释义：电容器/电抗器保护装置出现异常。属于危急缺陷。

（2）原因分析：内部软件异常或外部电源失电。

（3）造成后果：可能影响保护正确动作。

（4）监控值班员处置要点：①退出相应AVC控制。②要求现场及时恢复正常或了解现场无法复归原因；③了解电容器/电抗器是否需要退出运行。

（5）需现场运维检查后汇报内容：

1）保护装置报文及指示灯检查情况。

2）现场检查装置异常发生的原因，判断是否影响保护动作情况。

3）为防止保护拒动、误动，是否汇报调度，申请将异常设备停电。

4）根据检查情况，是否通知专业人员进行处理。

75.“电容器/电抗器保护装置故障”光字的含义、发生原因、造成后果及监控处置要点是什么？

答：（1）信息释义：电容器/电抗器保护装置出现故障。属于危急缺陷。

（2）原因分析：内部软件故障。

（3）造成后果：影响保护正确动作。

（4）监控值班员处置要点：①退出相应AVC控制；②了解保护装置情况，可能本保护已失去；③了解电容器/电抗器是否已退出运行。

（5）需现场运维检查后汇报内容：

1）保护装置报文及指示灯检查情况。

2）现场检查装置异常发生的原因，判断是否影响保护动作情况。

3）为防止保护拒动、误动，是否汇报调度，申请将异常设备停电。

4）根据检查情况，是否通知专业人员进行处理。

76.“××测控装置异常”光字的含义、发生原因、造成后果及监控处置要点是什么？

答：（1）信息释义：测控装置软硬件自检、巡检发生错误。属于危急缺陷。

（2）原因分析：①装置内部通信出错；②装置自检、巡检异常；③装置内部电源异常；④装置内部元件、模块故障。

（3）造成后果：造成部分或全部遥信、遥测、遥控功能失效。

（4）监控值班员处置要点：①检查遥测值是否变化，检查断路器位置状态是否正常；②视情况办理监控职责移交手续。

（5）需现场运维检查后汇报内容：

1）测控装置各指示灯是否正常。

2）装置报文交换是否正常；异常能否复归。

3）检查装置是否有烧灼异味。

3）是否汇报调度，申请将异常设备停电。

4）根据检查情况，是否通知专业人员进行处理。

77.“××测控装置通信中断”光字的含义、发生原因、造成后果及监控处置要点是什么？

答：（1）信息释义：测控装置通信网络失去，通信中断。属于危急缺陷。

（2）原因分析：变电站测控装置通信网络故障，或监控后台机与服务器通信中断。

（3）造成后果：造成该装置的全部遥信、遥测、遥控功能失效。

（4）监控值班员处置要点：①检查遥测值是否变化，检查断路器位置状态是否正常；②办理监控职责移交手续。

（5）需现场运维检查后汇报内容：

1）测控装置各指示灯是否正常；装置电源是否正常。

2）现场后台该装置是否监视是否正常；装置报文交换是否正常。

3）检查装置是否有烧灼异味。

4）是否汇报调度，申请将异常设备停电。

5）根据检查情况，是否通知专业人员进行处理。

78.“直流接地”光字的含义、发生原因、造成后果及监控处置要点是什么?

答：(1) 信息释义：直流系统有接地现象。属于危急缺陷。

(2) 原因分析：直流母线负荷有接地或直流母线接地。

(3) 造成后果：造成继电保护、信号、自动装置误动或拒动，或造成直流保险熔断，使保护及自动装置、控制回路失去电源。保护回路中同极两点接地，还可能将某些继电器短路，不能动作与跳闸，致使越级跳闸。

(4) 监控值班员处置要点：检查直流电压并要求现场迅速查明原因并及时处理。

(5) 需现场运维检查后汇报内容：

1）开始按照直流接地查找原则进行查找。

2）如果查找接地时涉及相关调度范围内调度设备需向相关调度申请。

3）找到接地点是否已隔离；或无法处理是否通知专业人员进行处理。

79.“直流系统异常”光字的含义、发生原因、造成后果及监控处置要点是什么?

答：(1) 信息释义：直流系统发生异常。属于严重缺陷。

(2) 原因分析：直流系统的蓄电池、充电装置、直流回路以及直流负载发生异常。

(3) 造成后果：可能造成直流系统的蓄电池无法充放电，继电保护、信号、自动装置误动或拒动，或造成直流保险熔断，使保护及自动装置、控制回路失去电源。

(4) 监控值班员处置要点：检查直流电压并要求现场迅速查明原因并及时处理。

(5) 需现场运维检查后汇报内容：

1）直流系统发生异常原因；

2）不能自行处理时是否通知专业班组到站检查处理。

80.“直流系统故障”光字的含义、发生原因、造成后果及监控处置要点是什么?

答：(1) 信息释义：直流系统发生故障。属于危急缺陷。

(2) 原因分析：直流系统的蓄电池、充电装置、直流回路以及直流负载发生故障。

(3) 造成后果：造成直流系统的蓄电池无法充放电，继电保护、信号、自动装置误动或拒动，或造成直流熔断器熔断，使保护及自动装置、控制回路失去电源。

(4) 监控值班员处置要点：检查直流电压要求现场迅速查明原因并及时处理。

(5) 需现场运维检查后汇报内容：

1）直流系统故障原因；

2）不能自行处理时是否通知专业班组到站检查处理。

81.“站用电 ×× 母线失电”光字的含义、发生原因、造成后果及监控处置要点是什么？

答：（1）信息释义：站用电低压母线失电。属于危急缺陷。

（2）原因分析：站用变断路器跳闸或者站用电小断路器掉闸。

（3）造成后果：变电站内站用电 ×× 母线所带负荷失去，对控制、信号、测量、继电保护以及自动装置、事故照明有影响。

（4）监控值班员处置要点：检查站用电电压并要求现场迅速查明原因并及时处理。

（5）需现场运维检查后汇报内容：

1）站用电低压母线失电原因；能否立即恢复或投入备用站用电。

2）不能自行处理时是否通知专业班组到站检查处理。

82.“站用变自投动作”光字的含义、发生原因、造成后果及监控处置要点是什么？

答：（1）信息释义：站用电低压母线失电，相应低压母线断路器自投。

（2）原因分析：站用电低压母线失电。

（3）造成后果：如果自投于故障母线则站内失压。

（4）监控值班员处置要点：①检查站用变自投动作是否正确；②了解站用电低压母线跳闸原因。

（5）需现场运维检查后汇报内容：

1）站用电低压母线跳闸原因；备用站用电投入情况。

2）不能自行处理时是否通知专业班组到站检查处理。

83.“交流逆变电源异常”光字的含义、发生原因、造成后果及监控处置要点是什么？

答：（1）信息释义：公用测控装置检测到 UPS 装置交流输入异常信号。属于严重缺陷。

（2）原因分析：① UPS 装置电源插件故障；② UPS 装置交直流输入回路故障；③ UPS 装置交直流输入电源熔断器熔断或上级电源断路器跳开。

（3）造成后果：UPS 所带设备将由另一种电源（交、直）对其进行供电，可能导致不间断电源失电。

（4）监控值班员处置要点：检查站用电电压，要求现场迅速查明原因并及时处理。

（5）需现场运维检查后汇报内容：

1）UPS 装置运行检查情况；

2）UPS 板件，交流、直流电源熔断器或空气断路器检查情况；

3）UPS 装置交流、直流输入电源回路检查情况；

4）不能自行处理时是否通知专业班组到站检查处理。

84.“交流逆变电压故障”光字的含义、发生原因、造成后果及监控处置要点是什么？

答：（1）信息释义：公用测控装置检测到 UPS 装置故障信号。属于严重缺陷。

（2）原因分析：UPS 装置内部元件故障。

（3）造成后果：可能影响UPS所带设备进行不间断供电。

（4）监控值班员处置要点：检查站用电电压，要求现场迅速查明原因并及时处理。

（5）需现场运维检查后汇报内容：

1）交、直流输入电源是否正常，交流输出电源是否正常；

2）UPS装置内部是否故障；

3）不能自行处理时是否通知专业班组到站检查处理。

85."火灾告警装置异常"光字的含义、发生原因、造成后果及监控处置要点是什么？

答：（1）信息释义：火灾告警装置发生异常告警。属于严重缺陷。

（2）原因分析：火灾告警装置故障。

（3）造成后果：影响装置的正确告警。

（4）监控值班员处置要点：装置异常时将火灾告警监视权下放现场。

（5）需现场运维检查后汇报内容：

1）火灾告警装置故障的原因；能否立即恢复。

2）不能自行处理时是否通知专业班组到站检查处理。

86."××消弧线圈交直流电源消失"光字的含义、发生原因、造成后果及监控处置要点是什么？

答：（1）信息释义：××消弧线圈失去交直流电源。属于严重缺陷。

（2）原因分析：消弧线圈空气断路器跳闸。

（3）造成后果：消弧线圈调挡电源失电造成消弧线圈无法调节分接头，发生接地时感应电流不能完全消除容性电流，接地点容易产生间歇电弧，间歇电弧引起的过电压对电器的绝缘程度产生很大的危害。

（4）监控值班员处置要点：了解消弧线圈失去交直流电源原因。

（5）需现场运维检查后汇报内容：

1）消弧线圈失去交直流电源原因；能否立即恢复。

2）不能自行处理时是否通知专业班组到站检查处理。

87."××母线接地（消弧线圈判断）"光字的含义、发生原因、造成后果及监控处置要点是什么？

答：（1）信息释义：××母线接地，从消弧线圈位移电压判断。属于危急缺陷。

（2）原因分析：××母线接地。该段母线有线路接地故障，或该段母线压变高压熔丝熔断，此光字牌只有出现在中性点小接地系统侧。

（3）造成后果：母线单相接地时故障相对地电压降低，非故障两相的相电压升高，线电压依然对称；高压熔丝熔断则故障相对地电压降低（接近零），非故障两相的相电压不变。但单相接地如果时间较长会严重影响变电设备和配电网的安全运行，母线接地时对相关设备的绝缘产生较大影响。

（4）监控值班员处置要点：①立即检查该母线三相电压和 $3U_0$ 情况，根据电压情况判断是否该段母线有线路接地故障，还是该段母线电压互感器高压熔丝熔断。②如是有线路接地故障，则汇报相关调度，通知运维站，依据调度命令断开母分断路器；分辨出何段母线接地，再进行试拉出线，停役接地线路。③如是高压熔丝熔断，则通知操作站人员立即赴现场检查处理，根据相关规程处理，做好详细记录。

（5）需现场运维检查后汇报内容：

1）运维人员根据接地现象检查现场设备情况、是否已汇报调度及后续处置方案。

2）设备单相接地持续时间不能超过 2h。

88.“××消弧线圈装置异常”光字的含义、发生原因、造成后果及监控处置要点是什么？

答：（1）信息释义：××消弧线圈发异常告警。属于危急缺陷。

（2）原因分析：消弧线圈装置异常或者自动调谐装置的交直流空气断路器跳闸。

（3）造成后果：消弧线圈装置异常无法计算调节挡位或者消弧线圈调挡电源失电造成消弧线圈无法调节挡位，发生接地时感应电流不能完全消除容性电流，接地点容易产生间歇电弧，间歇电弧引起的过电压对电器的绝缘程度产生很大的危害。

（4）监控值班员处置要点：了解消弧线圈装置异常原因。

（5）需现场运维检查后汇报内容：

1）消弧线圈异常告警原因；能否立即恢复。

2）不能自行处理时是否通知专业班组到站检查处理。

89.“××消弧线圈装置拒动”光字的含义、发生原因、造成后果及监控处置要点是什么？

答：（1）信息释义：××消弧线圈调挡动作，未能执行成功。属于严重缺陷。

（2）原因分析：自动调谐装置的交直流空气断路器掉闸失去电源或者调谐装置卡扣。

（3）造成后果：消弧线圈无法调节挡位，发生接地时感应电流不能完全消除容性电流，接地点容易产生间歇电弧，间歇电弧引起的过电压对电器的绝缘程度产生很大的危害。

（4）监控值班员处置要点：检查系统电压及 $3U_0$ 情况，了解消弧线圈装置拒动原因。

（5）需要求现场运维检查后汇报内容：

1）消弧线圈装置拒动原因；能否立即恢复。

2）不能自行处理时是否通知专业班组到站检查处理。

三、典型越限信息判断分析处置

90.“母线电压越限”信息的含义、发生原因、造成后果及监控处置要点是什么？

答：（1）信息释义：母线电压过高或过低。

（2）原因分析：①系统电压过高或过低；②变电站 AVC 装置故障；③电压互感器空气

断路器掉闸或熔丝熔断；④母线电压测量设备损坏。

（3）造成后果：①系统母线电压过低会造成用户电压不合格，过高会造成用户电气设备损坏；②二次测量原因造成母线电压过低或过高，有可能造成继电保护拒动或误动。

（4）监控值班员处置要点：

1）收集到变电站母线电压越限信息，检查电容器、电抗器运行情况；检查变电站 AVC 装置是否正常。

2）如 AVC 控制异常或装置异常，则汇报电压管理专职处理。

3）按照相关调度颁布的电压曲线及控制范围，投切电容器、电抗器和调节变压器有载分接断路器。如无法将电压调整至控制范围内时，汇报相关调度。

4）如电压偏差较大，初步判断为电压互感器等设备异常引起，通知运维站现场检查，根据相关规程处理。

91.“系统功率因数越限”信息的含义、发生原因、造成后果及监控处置要点是什么?

答：（1）信息释义：该变电站功率因数不合格或无功倒送。

（2）原因分析：①系统无功功率过多或过低；②变电站 AVC 装置故障。

（3）造成后果：该变电站功率因数不合格，影响考核指标。

（4）监控值班员处置要点：

1）收集到变电站功率因数越限信息，检查该站电容器、电抗器运行情况；检查变电站 AVC 装置是否正常。

2）如 AVC 控制异常或装置异常，则汇报电压管理专职处理。

3）按照相关调度颁布的功率因数控制范围，投切电容器、电抗器；如无法调整至控制范围内时，汇报相关调度。

92.“主变电流越限”信息的含义、发生原因、造成后果及监控处置要点是什么?

答：（1）信息释义：主变 ×× 侧电流高于过负荷告警定值。

（2）原因分析：变压器过载运行或事故过负荷。

（3）造成后果：主变发热甚至烧毁，加速绝缘老化，影响主变寿命。

（4）监控值班员处置要点：

1）检查核对变压器的负荷及温度情况并加强监视。

2）了解主变过负荷原因，汇报调度，要求调整负荷并通知运维站。

3）根据处置方式制定相应的监控措施，及时掌握 $N-1$ 后设备运行情况。

93.“主变油温越限”信息的含义、发生原因、造成后果及监控处置要点是什么?

答：（1）信息释义：监视主变本体油温数值，反映主变运行情况。

（2）原因分析：①变压器内部故障；②主变过负荷；③主变冷却器故障或异常；④油温表计故障。

（3）造成后果：可能引起主变停运。

(4) 监控值班员处置要点:

1) 检查变压器各温度计温度数值及负荷情况及有无“主变油温过高”信号。

2) 通知运维站现场检查，了解主变油温越限原因；冷却器运转情况；了解现场处置的基本情况和现场处置原则。

3) 汇报调度及领导，填报缺陷流程；

4) 根据处置方式制定相应的监控措施，做好操作准备，及时掌握 $N-1$ 后设备运行情况。

94.“××线路电流值越限”信息的含义、发生原因、造成后果及监控处置要点是什么?

答: (1) 信息释义: ××线路电流高于限额告警定值。

(2) 原因分析: 线路过载运行或事故过负荷。

(3) 造成后果: 线路导线或间隔设备发热甚至烧毁，加速绝缘老化，影响设备寿命。

(4) 监控值班员处置要点:

1) 检查核对线路的负荷及限额情况并加强监视。

2) 汇报调度，要求调整负荷并通知运维站，根据相关规程处理。

3) 了解过负荷原因，了解现场处置的基本情况和现场处置原则。

4) 根据处置方式制定相应的监控措施，及时掌握 $N-1$ 后设备运行情况。

95.“母线 $3U_0$ 电压越限”信息的含义、发生原因、造成后果及监控处置要点是什么?

答: (1) 信息释义: ××母线接地，属于危急缺陷。

(2) 原因分析: ××母线接地。该段母线有线路接地故障，或该段母线压变高压熔丝熔断，产生 $3U_0$ 电压超整定值，同时伴有“母线接地”光字。

(3) 造成后果: 母线单相接地时故障相对地电压降低，非故障两相的相电压升高，线电压依然对称；高压熔丝熔断则故障相对地电压降低（接近零），非故障两相的相电压不变。但单相接地如果时间较长会严重影响变电设备和配电网的安全运行，母线接地时对相关设备的绝缘产生较大影响。

(4) 监控值班员处置要点:

1) 立即检查该母线三相电压和 $3U_0$ 情况，根据电压情况判断是该段母线有线路接地故障，还是该段母线压变高压熔丝熔断。

2) 如是有线路接地故障，则汇报相关调度，通知运维站，依据调度命令试拉出线，停役接地线路。

3) 如是高压熔丝熔断，则通知操作站人员立即赴现场检查处理，根据相关规程处理，做好详细记录。

4) 运维站到达现场检查后，了解现场处置的基本情况和现场处置原则。

5) 汇报领导，加强运行监控。填报缺陷流程。

96.“××线: ××变断面总加越限”信息的含义、发生原因、造成后果及监控处置要点是什么?

答: (1) 信息释义: ××线路断面电流总和高于限额告警定值。

（2）原因分析：断面过载运行。

（3）造成后果：断面越限影响系统运行方式，影响 $N-1$ 后设备运行情况。

（4）监控值班员处置要点：

1）检查核对断面的负荷及限额情况并加强监视。

2）汇报值班调度员，要求调整负荷，根据相关规程处理。

3）了解过负荷原因，了解现场处置的基本情况和现场处置原则。

4）根据处置方式制定相应的监控措施，及时掌握 $N-1$ 后设备运行情况。

97.“直流母线电压越限”信息的含义、发生原因、造成后果及监控处置要点是什么?

答：（1）信息释义：直流系统电压发生过高或过低。

（2）原因分析：直流系统的蓄电池、充电装置、直流回路以及直流负载发生异常。

（3）造成后果：可能造成直流系统的蓄电池无法充放电，继电保护、信号、自动装置误动或拒动，或造成直流熔断器熔断，使保护及自动装置、控制回路失去电源。

（4）监控值班员处置要点：

1）通知运维站，根据相关规程处理。

2）运维站到达现场检查后，了解“直流母线电压越限”原因及现场处置的基本情况，了解蓄电池能够坚持运行的时间。

3）汇报调度及领导，加强运行监控。

4）填报缺陷流程。

四、典型变位信息判断分析处置

98.“××断路器A相位置分闸”信息的含义、发生原因及监控处置要点是什么?

答：（1）信息释义：××间隔断路器A相发生分闸变位信息。

（2）原因分析：××断路器A相故障单相分闸或检修单相分闸；如同时伴随B相、C相分闸可能操作分闸。

（3）监控值班员处置要求：

1）检查监控系统对应断路器遥信及遥测量；

2）与运维站核对是否为正常操作，如人工操作告知操作前必须履行操作前告知义务；

3）与运维站核对是否为检修操作，确认后挂检修牌；

4）如发生事故分闸，依据事故跳闸流程处理，通知运维站，根据相关规程处理。

99.“××站用变××低压断路器分闸”信息的含义、发生原因及监控处置要点是什么?

答：（1）信息释义：××站用变××低压断路器发生分闸变位信息。

（2）原因分析：××站用变××低压断路器操作分闸、故障跳闸或检修分闸。

（3）监控值班员处置要点：

1）与运维站核对是否为操作，如人工操作告知操作前必须履行操作前告知义务；与运维站核对如检修单相分闸，检查挂检修牌；如发生故障分闸，检查站用电是否全部失去，依据事故跳闸流程处理，通知运维站，根据相关规程处理。

2）运维站到达现场检查后，了解现场处置的基本情况和现场处置原则。

3）汇报调度及领导，加强运行监控。

100.“××断路器保护重合闸软压板位置分闸”信息的含义、发生原因及监控处置要点是什么?

答:（1）信息释义：××断路器保护重合闸软压板取下位置，该自动装置退出运行。

（2）原因分析：××断路器保护重合闸软压板取下或重合闸装置故障。

（3）监控值班员处置要点：

1）与运维站核对是否为人工操作，如人工操作告知操作前必须履行操作前告知义务；如非人工操作通知运维站现场检查。

2）运维站到达现场检查后，了解现场处置的基本情况和现场处置原则。

3）不能自行处理时是否通知专业班组到站检查处理。

4）汇报调度及领导，加强运行监控。

101.“××断路器保护远方操作压板位置分闸”信息的含义、发生原因及监控处置要点是什么?

答:（1）信息释义：××断路器保护远方操作压板取下位置，该保护无法远方操作。

（2）原因分析：××断路器保护远方操作压板取下或保护故障。

（3）处置原则：（同××断路器保护重合闸软压板位置分闸）。

102.“××断路器保护重合闸充电状态完成动作”信息的含义、发生原因及监控处置要点是什么?

答:（1）信息释义：××断路器保护重合闸充电已完成，重合闸可以正常动作。

（2）原因分析：××断路器保护重合闸电容充电已完成。

（3）监控值班员处置要点：核对断路器状态为运行，重合闸投入后正确动作，核对光字亮即可。如断路器运行后长时间不亮，需通知运维站现场检查。

103.“××备自投装置总投入软压板位置分闸”信息的含义、发生原因及监控处置要点是什么?

答:（1）信息释义：××备自投装置总投入软压板取下位置，该自动装置退出运行。

（2）原因分析：××备自投装置总投入软压板取下。

（3）监控值班员处置要点：

1）与运维站核对运行状态是否一致。

2）通知运维站到现场检查。

3）不能自行处理时是否通知专业班组到站检查处理。

4）汇报调度及领导，加强运行监控。

104.“××故障解列装置总投入软压板位置分闸”信息的含义、发生原因及监控处置要点是什么?

答:(1)信息释义:××故障解列装置总投入软压板取下位置，该自动装置退出运行。

(2)原因分析:××故障解列装置总投入软压板取下或故障解列装置故障。

(3)处置要点:(同××备自投装置总投入软压板位置分闸)。

105.“××智能终端控制切至就地位置动作”信息的含义、发生原因及监控处置要点是什么?

答:(1)信息释义:智能站××间隔智能终端控制切至就地，此时断路器不能遥控操作。

(2)原因分析:××智能终端控制断路器人工操作至就地位置或智能终端故障。

(3)监控值班员处置要点:

1)与运维站核对是否为人工操作，如人工操作告知操作前必须履行设备监控权交接手续;如非人工操作通知运维站现场检查，并将该间隔控制权下放运维站。

2)运维站到达现场检查后，了解现场处置的基本情况和现场处置原则。

3)汇报调度及领导，加强运行监控。

106.“××测控装置控制切至就地位置动作”信息的含义、发生原因及监控处置要点是什么?

答:(1)信息释义:××间隔断路器测控装置控制切至就地，此时断路器不能遥控操作。

(2)原因分析:××断路器测控装置控制断路器人工操作至就地位置或测控装置故障。

(3)处置原则:(同××智能终端控制切至就地位置动作)。

第四章　监控远方操作

1. 什么是正令?

答：值班调控员正式发布的调度指令，作为受令人的操作依据。

2. 什么是预令?

答：值班调控员预先发布的调度指令，供现场做操作前的准备。

3. 什么是远方操作?

答：远方操作是指由调控中心直接通过监控系统远方执行的设备倒闸操作，其二次设备状态须同一次设备状态相适应。

4. 什么是远方试送?

答：设备因故障跳闸并经远程判断后，由调控中心执行的送电操作。

5. 什么是远方程序化操作?

答：智能电网调度控制系统利用数据交互技术、按照预设程序实现变电站设备顺序控制的操作。

6. 什么是负荷批量控制?

答：在智能电网调度控制系统中预先设定与限电负荷相关的多个断路器，在故障异常等情况下批量执行拉路限电，达到快速控制负荷限额目标的功能。

7. 负荷批量控制发令模式主要有几种?

答：负荷批量控制发令模式主要有三种：

（1）强调拉限电原因，即发令时强调事故处理的第X（一或者二）阶段。其中第一阶段（0~30min内）拉限电是指事故后30min内把断面潮流控制在稳定限额以内需要的拉限电；第二阶段（30min后）拉限电指实现电力平衡并留出备用需要的拉限电。

（2）直接发令拉限电容量而不强调原因。

（3）按500kV供区进行切负荷。

8. 正式发布操作指令的依据是什么?

答：值班调度员发布操作指令时，接令人接受操作指令后复诵一遍，值班调度员应复核无误后，发出“发令时间”。“发令时间”是值班调度员正式发布操作指令的依据，接令人没有接到“发令时间”不得进行操作。

9. 操作执行完毕的根据是什么?

答：操作人汇报操作结束时，应将执行项目报告一遍，值班调度员复诵一遍，汇报人复核无误后给出“结束时间”。“结束时间”应取用汇报人向调度汇报操作执行完毕的汇报时间，它是运行操作执行完毕的根据，值班调度员只有在收到操作“结束时间”后，该项操作才算执行完毕。

10. 可不待调度指令自行先处理后报告的事故有哪些?

答：为防止事故扩大，厂站值班员可不待调度指令自行进行以下紧急操作，但事后应立即向调度汇报：

(1) 对人身和设备有威胁的设备停电。

(2) 将故障停运已损坏的设备隔离。

(3) 厂（站）用电部分或全部停电时，恢复其电源。

(4) 现场规程中规定的可不待值班调度员指令自行处理者。

11. 监控远方操作的原则是什么?

答：(1) 在操作时应按监控范围，严格依据调度指令执行；

(2) 遥控操作必须两人进行，一人操作，一人监护；

(3) 遥控操作应严格履行操作程序。

12. 何为监护操作?

答：监护操作为由两人进行同一项的操作。监护操作时，其中一人对设备较为熟悉者作为监护。特别重要和复杂的倒闸操作，由熟练的运行人员操作，运行值班负责人监护。

13. GIS 设备的程序操作可实现哪些功能?

答：GIS 单间隔程序操作应实现运行、热备用、冷备用和检修（包括断路器检修和线路检修）等几种状态之间的任意转换功能，多间隔设备通过组合票实现母线倒排和各间隔间任意组合操作。

14. 防误装置应实现“五防”功能，什么是“五防”?

答：(1) 防止误分、误合断路器；

(2) 防止带负荷拉、合隔离开关或手车触头；

(3) 防止带电挂（合）接地线（接地断路器）；

(4) 防止带接地线（接地断路器）合断路器（隔离开关）；

(5) 防止误入带电间隔。

15. 监控远方操作前后，有哪些注意事项?

答：(1) 监控远方操作前，值班监控员应考虑设备是否满足远方操作条件以及操作过程中的危险点及预控措施，按要求拟写监控远方操作票，操作票应包括核对相关变电站一次系统图、检查设备遥测遥信指示、拉合断路器操作等内容。

(2) 监控远方操作前后，值班监控员应检查核对设备名称、编号和断路器、隔离开关的分、合位置。监控远方操作后的位置检查应满足“双确认”。若对设备状态有疑问，应通知输变电设备运维人员核对设备运行状态。

16. 监控远方操作时，有哪些注意事项?

答：监控远方操作中，严格执行模拟预演、唱票、复诵、监护、记录等要求，若电网或现场设备发生故障及异常，可能影响操作安全时，监控员应中止操作并报告当值值班调度员，必要时通知输变电设备运维人员。

17. 允许调控中心进行远方操作的范围有哪些?

答：下列情况可由值班监控员进行监控远方操作：

（1）拉合断路器的单一操作；

（2）具备远方操作条件的程序化操作；

（3）无功设备投切及变压器有载调压分接头操作；

（4）负荷倒供、解合环等方式调整操作；

（5）故障停运线路远方试送操作；

（6）小电流接地系统查找接地时的线路试停操作；

（7）负荷批量控制操作；

（8）投切具备遥控条件的继电保护及安全自动装置软压板；

（9）其他按调度紧急处置措施要求的远方操作。

18. 哪些情况不得进行远方操作?

答：设备遇有下列情况时，严禁进行监控远方操作：

（1）设备未通过远方操作验收；

（2）设备正在检修（远方操作传动除外）；

（3）集中监控功能（系统）异常影响设备远方操作；

（4）一、二次设备出现影响远方操作的异常告警信息；

（5）未经批准的远方遥控传动试验；

（6）不具备远方同期合闸操作条件的同期合闸；

（7）运维站明确断路器不具备远方操作条件。

19. 哪些情况不允许对线路进行远方试送?

答：当遇到下列情况时，不允许对线路进行远方试送：

（1）监控员汇报站内设备不具备远方试送操作条件；

（2）运维单位人员汇报由于严重自然灾害、山火等导致线路不具备恢复送电的情况；

（3）电缆线路故障或者故障可能发生在电缆段范围内；

（4）判断故障可能发生在站内；

（5）线路有带电作业，且明确故障后不得试送；

（6）相关规程规定明确要求不得试送的情况。

20. 接发令有何规范要求?

答：在进行接发令时，应互报单位、姓名，严格遵守发令、复诵、录音、监护、记录等制度，并使用调度规程所规定的统一调度术语和操作术语及电网主要设备名称、统一编号等。倒闸操作联系时应使用包括厂站名称、设备名称、统一编号的三重命名。

21. 调控中心进行远方操作时，监控员是否需要通知相关变电运维站?

答：在调控中心进行远方操作时，由值班调度员下达给值班监控员的远方操作指令，应通过调度电话录音方式下达。除无功设备投切操作外，值班监控员在操作前后均应通知相关变电运维站（班）。在事故紧急处理情况下，操作前可不通知相关变电运维站（班），但操作后应及时告知相关变电运维站（班）。

22. 哪些项目填入监控远方操作票内？

答：需填的项目有：

（1）应拉合的断路器和隔离开关。

（2）检查断路器和隔离开关的位置。

（3）检查负荷分配和检查是否确无电压。

（4）切换保护定值区。

（5）检查各保护软压板投退位置。

（6）投、停自动装置，重合装置的软压板。

（7）配合操作中转发令命令。

（8）监控系统的操作步骤。

23. “严禁不按操作票操作”的具体内容有哪些?

答：（1）严禁不按操作票步骤进行跳项、漏项和打乱顺序操作。

（2）严禁不按每操作一步打一个勾的原则进行操作。

（3）操作过程中发生疑问时，应立即停止操作并向发令人报告，不准擅自更改操作票。

（4）操作过程中因故中止操作，应在操作票相应栏目盖章并在[备注]栏内说明中止原因。

24. 停、送电的操作顺序有何规定？

答：具体规定有：

（1）停电拉闸操作必须按照断路器—负荷侧隔离开关—母线侧隔离开关的顺序依次操作。

（2）送电合闸操作应按与上述相反的顺序进行。

（3）严防带负荷拉合隔离开关。

25. 断路器远方操作时出现异常应如何检查?

答：断路器远方遥控操作出现超时或遥控操作失败应检查以下项目：

（1）检查操作是否符合规定。

（2）若遥控预置超时，可再试一次。

（3）检查断路器是否因 SF_6 气体压力低导致分合闸回路闭锁。

（4）检查测控装置“就地 / 远方”切换把手位置。

（5）检查控制回路是否断线。

（6）检查通信是否中断，必要时切换通道。

（7）如果仍无法进行操作，应通知自动化或运维人员处理。

26. 值班监控员遥控操作中，若监控系统发生异常或遥控失灵如何处理？

答：值班监控员遥控操作中，若监控系统发生异常或遥控失灵，应停止操作并汇报发令调度，通知变电运维人员至现场检查，涉及监控系统的缺陷由值班监控员及时通知自动化值班人员协调处理。

27. 操作中发生疑问时怎么办？

答：操作中发生疑问时：

（1）应立即停止操作；并向值班调度员或值班负责人报告，弄清问题后，再进行操作。

（2）不准擅自更改操作票。

（3）不准随意解除闭锁装置。

28. 解释“断路器非全相运行”“冷倒”“强送”“试送”？

答：（1）断路器非全相运行：断路器跳闸或合闸等致使断路器一相或两相合闸运行。

（2）冷倒：断路器在热备用状态，拉开 × 母隔离开关，再合上 × 母隔离开关，而后合上断路器。

（3）强送：设备因故障跳闸后，未经检查即送电。

（4）试送：设备因故障跳闸后经初步检查后再送电。

29. 线路停电的操作顺序是怎样规定的？为什么？

答：线路停电的操作顺序应是：拉开断路器后，先拉开线路侧隔离开关，后拉开母线侧隔离开关。

如果断路器尚未断开电源，发生了误拉隔离开关的情况，按先拉线路侧隔离开关，后拉母线侧隔离开关的顺序，断路器可在保护装置的配合下，迅速切除故障，避免人为扩大事故。

30. 什么叫倒闸？什么叫倒闸操作？

答：电气设备分为运行、备用（冷备用及热备用）、检修三种状态。将设备由一种状态转变为另一种状态的过程叫倒闸，所进行的操作叫倒闸操作。

31. 哪些操作可不用操作票？

答：下列各项工作可以不用操作票：

（1）事故处理。

（2）拉合断路器的单一操作。

（3）拉开接地断路器或拆除全厂（所）仅有的一组接地线。

上述操作应作记录。

32. 切换变压器中性点接地断路器如何操作？

答：切换原则是保证电网不失去接地点，采用先合后拉的操作方法：

（1）合上备用接地点的隔离开关。

（2）拉开工作接地点的隔离开关。

（3）将零序保护切换到中性点接地的变压器上去。

33. 电气设备操作后怎样进行“双确认”？

答：电气设备操作后的位置检查应以设备实际位置为准，无法看到实际位置时，可通过设备机械位置指示、电气指示、带电显示装置、仪表及各种遥测、遥信等信号的变化来判断。判断时，应有两个及以上的指示，且所有指示均已同时发生对应变化，才能确认该设备已操作到位。以上检查项目应填写在操作票中作为检查项。

34. 调控中心值班监控员在进行远方操作前后如何检查设备状态?

答：调控中心值班监控员在进行远方操作前应确认操作任务是否符合当前设备状态，检查监控系统上无影响该间隔操作的一、二次异常信号。

远方操作结束后，值班监控员应通过潮流、变位等各种遥信、遥测信号的变化来判断设备位置状态，判断时应有两个及以上的指示且所有指示已同时发生对应变化。

35. 倒停母线时拉母联断路器应注意什么?

答：在倒母线结束前，拉母联断路器时应注意：

（1）对要停电的母线再检查一次，确认设备已全部倒至运行母线上，防止因“漏”倒引起停电事故。

（2）拉母联断路器前，检查母联断路器电流表应指示为零；拉母联断路器后，检查停电母线的电压表应指示零。

（3）当母联断路器的断口（均压）电容 C 与母线电压互感器的电感 L 可能形成串联铁磁谐振时，要特别注意拉母联断路器的操作顺序：先拉电压互感器，后拉母断路器。

36. 哪些情况应停用线路重合闸装置?

答：遇有下列情况应立即停用有关线路重合闸：

（1）装置不能正常工作时；

（2）不能满足重合闸要求的检查测量条件时；

（3）可能造成非同期合闸时；

（4）断路器遮断容量不允许重合时；

（5）线路上带电作业有要求时；

（6）系统有稳定要求时；

（7）达到断路器允许跳合闸次数时；

（8）长期对线路充电时。

37. 电网中的正常倒闸操作，应尽可能避免在哪些时间进行?

答：(1) 值班人员交接班时。

(2) 电网接线极不正常时。

(3) 电网高峰负荷时。

(4) 雷雨、大风等恶劣气候时。

(5) 联络线输送功率超过稳定限额时。

(6) 电网发生故障时。

(7) 地区有特殊要求时等。

38. 分接断路器在什么情况下，应禁止或终止操作?

答：出现下列情况，应禁止或终止操作分接断路器：

(1) 遥调操作分接断路器发生拒动、误动。

(2) 电压表和电流表变化异常。

(3) 电动机构或传动机械故障。

(4) 分接位置指示不一致。

(5) 压力释放保护装置动作。

(6) 变压器过负荷时（特殊情况下除外）。

(7) 有载调压装置的瓦斯保护频繁发出信号时。

(8) 有载调压装置的油标中无油位时。

(9) 有载调压装置的油箱温度低于 -40℃时。

39. 什么是站域控制？

答：站域控制是指通过对变电站内信息的分布协同利用或集中处理判断，实现站内自动控制功能的装置或系统，其可行性依赖于网络通和 CPU 处理能力。站域控制的功能应实现站内自动控制装置（如备投、母线分合运行）的协调工作，适应系统运行方式的要求。

40. 变电站顺序控制的作用是什么？

答：变电站的顺序控制能帮助操作人员执行复杂的操作任务，将传统的操作票转变成任务票，实现复杂操作单键完成，整个操作过程无需额外的人工干预或操作，可以大大提高操作效率和减少误操作的风险，最大限度地提高变电站的供电可靠性，也缩短了因人工操作所造成的停电时间，尤其在大规模高电压变电站中效果特别显著。

41. 什么是顺序控制？

答：顺序控制是指发出整批指令，由系统根据设备状态信息变化况判断每步操作是否到位，确认到位后自动执行下一指令，直至执行所有指令。实现顺序控制，要求变电站设备状态信息采集和传输及时准确，设备动作执行可靠。顺序控制是智能变电站的基本功能之一，其能要求如下：

(1) 满足无人值班及区域监控中心站管理模式的要求。

（2）可接收和执行监控中心、调度中心和本地自动化系统发出的控制指令，经安全校核正确后，自动完成符合相关运行方式变化要求的设备控制。

（3）应具备自动生成不同主接线和不同运行方式下典型操作流程的功能。

（4）应具备投、退保护软压板功能。

（5）应具备急停功能。

（6）可配备直观图形图像界面，在站内和远端实现可视化操作。

42. 设备定期轮换的主要目的是什么？

答：定期轮换的目的是：

（1）将长期备用的装置经倒换操作投入运行。

（2）将长期运行的设备转为备用。

（3）通过轮换，减少磨损、发热等缺陷的发生，从而提高设备的健康状况。

43. 标示牌的种类分几种？

答：分五种：检修、未投运、退役、缺陷、提示。

44. “检修”标识牌的含义及操作步骤是什么？

答：“检修”牌，设备因工作需要停役，间隔改至冷备用或检修状态后，方可置检修牌；设备复役前摘牌。当值监控（调控）员根据现场设备停役操作结束前后告知，状态核对后，置（摘）“检修”牌。具体步骤如下：

（1）置牌。

1）现场汇报设备停役操作结束；

2）监控核对监控系统相应设备状态显示与现场汇报一致；

3）监控进行置牌，确认标志牌显示正确，完成置牌记录；

4）监控负责人复核置牌和记录正确。

（2）摘牌。

1）现场汇报准备设备复役操作；

2）监控对相应间隔摘牌，完成摘牌记录；

3）监控负责人复核摘牌和记录正确。

45. “未投运”标识牌的含义及操作步骤是什么？

答：“未投运”牌，单间隔新设备联调工作结束后，尚未投运，需由调试区调整为运行责任区的，置“未投运”牌。设备投运后，监控根据现场设备操作告知，状态核对、摘牌。具体步骤如下：

（1）置牌。

1）联调工作结束后，自动化通知监控人员已调整为运行区；

2）监控确认间隔联调工作已完成；

3）监控进行置牌，确认标志牌显示正确，完成置牌记录；

4）监控负责人复核置牌和记录正确。

（2）摘牌。

1）现场汇报准备设备启动操作；

2）监控对相应间隔摘牌，完成摘牌记录；

3）监控负责人复核摘牌和记录正确。

46.“退役”标识牌的含义及操作步骤是什么？

答：“退役”牌因电网方式调整，长期退役设备，视为待用间隔的设备，置“退役”牌。设备恢复投运后，监控根据现场设备操作告知，状态核对、摘牌。具体步骤如下：

（1）置牌。

1）现场汇报设备停役操作结束；

2）监控确认设备状态；

3）核对设备退役相关文件；

4）监控进行置牌，确认并完成置牌记录；

5）监控负责人复核置牌和记录正确。

（2）摘牌。

1）现场汇报准备设备启动操作；

2）监控对相应间隔摘牌，完成摘牌记录；

3）监控负责人复核摘牌和记录正确。

47.“缺陷”标识牌的含义及操作步骤是什么？

答：“缺陷”牌，缺陷引起的常亮光字信号和频繁动作复归信号，监控人员对该光字信号进行缺陷置牌（频繁动作信号需另行实施单点抑制）。缺陷消除后，摘牌。具体步骤如下：

（1）置牌。

1）监控发现异常现象通知现场检查；

2）现场汇报设备检查情况，确定报缺陷；

3）监控在OMS中起缺陷流程；

4）在该光字信号旁置“缺陷”标志牌；

5）确认标志牌显示正确，完成置牌记录；

6）监控负责人复核置牌和记录正确。

（2）摘牌。

1）现场汇报设备缺陷已消除；

2）监控摘牌，核对相应光字、信号正常，完成摘牌记录；

3）监控负责人复核摘牌和记录正确。

48.“提示”标识牌的含义及操作步骤是什么?

答：“提示”牌对单点或单间隔信号进行需进行提示情况，使用“提示”牌。如信号源拆除、设备缺陷临时处理等其他情况。“提示”牌的置牌和摘牌工作由值长根据具体情况安排，并做好确认和记录工作。

第五章　电压和无功调节

1. 电力系统过电压分几类？其产生原因及特点是什么？

答：电力系统过电压分以下几种类型：

(1) 大气过电压：由直击雷引起，特点是持续时间短暂，冲击性强，与雷击活动强度有直接关系，与设备电压等级无关。因此，220kV 以下系统的绝缘水平往往由防止大气过电压决定。

(2) 工频过电压：由长线路的电容效应及电网运行方式的突然改变引起，特点是持续时间长，过电压倍数不高，一般对设备绝缘危险性不大，但在超高压、远距离输电确定绝缘水平时起重要作用。

(3) 操作过电压：由电网内断路器操作引起，特点是具有随机性，但最不利情况下过电压倍数较高。因此，330kV 及以上超高压系统的绝缘水平往往由防止操作过电压决定。

(4) 谐振过电压：由系统电容及电感回路组成谐振回路时引起，特点是过电压倍数高、持续时间长。

2. 简述并联电容器作无功补偿的特点。

答：(1) 并联电容器可补偿无功，可升压降损。

(2) 并联电容器的优越性在于其经济性。其投资少和运行费用便宜。采用并联电容补偿，提高功率因数，则可减少线路损耗和变压器铜损。

(3) 并联电容器只能补偿无功，不能吸收无功，只能单向调节。

(4) 并联电容器不能连续调节，可采用分组投切。

(5) 并联电容器的最大缺点为其补偿无功与电压平方成正比。这样当系统无功不足导致电压偏低时，并联电容器补偿的无功反而随电压下降成平方倍下降。所以，并联电容器不能独立作为电网的电压支撑，需要有输出无功可不随系统电压下降而减少的无功电源（如发电机、调相机）作为系统电压支撑。

3. 电力系统中的无功电源有几种？

答：电力系统中的无功电源有：①同步发电机；②调相机；③并联补偿电容器；④串联补偿电容器；⑤静止补偿器。

4. 电网电压调整和无功控制的原则是什么?

答：电网无功补偿“分层分区、就地平衡”原则。电网电压调整和无功控制采取就地补偿原则，应优先采用自动电压控制（AVC），兼顾上、下级电网无功电压的调节，提高电网整体电压合格率。

5. 什么是功率因数？提高功率因数的意义是什么？

答：功率因数 $\cos\varphi$，也叫力率，是有功功率与视在功率的比值，在一定额定电压和额定电流下，功率因数越高，有功功率所占的比重越大，反之越低。

提高功率因数的意义分两个方面：

在发电机的额定电压、额定电流一定时，发电机的容量即是它的视在功率。如果发电机在额定容量下运行，输出的有功功率的大小取决于负载的功率因数。功率因数越低，发电机输出的功率越低，其容量得不到充分利用。

功率因数低，在输电线路上引起较大的电压降和功率损耗。故当输电线输出功率 P 一定时，线路中电流与功率因数成反比，即当 $\cos\varphi$ 越低时，电流 I 增大，在输电线阻抗上压降增大，使负载端电压过低。严重时，影响设备正常运行，用户无法用电。

此外，阻抗上消耗的功率与电流平方成正比，电流增大要引起线损增大。

6. 提高功率因数的措施有哪些？

答：提高功率因数的措施有：

（1）合理地选择和使用电气设备，用户的同步电动机可以提高功率因数，甚至可以使功率因数为负值，即进相运行。而感应电动机的功率因数很低，尤其是空载和轻载运行时，所以应该避免感应电动机空载和轻载运行。

（2）安装并联补偿电容器或静止补偿器等设备，使电路中总的无功功率减少。

7. 什么是无功控制九域图控制法？

答：九域图控制法，电力系统电压和无功功率综合控制的一种常用方法，如图 5-1 所示，其控制策略是为使电压水平一直处在合格范围内的同时较好地保证无功的基本平衡，借助电压与无功指标对电压和无功功率实施动态调节控制，较好地保证无功的基本平衡。

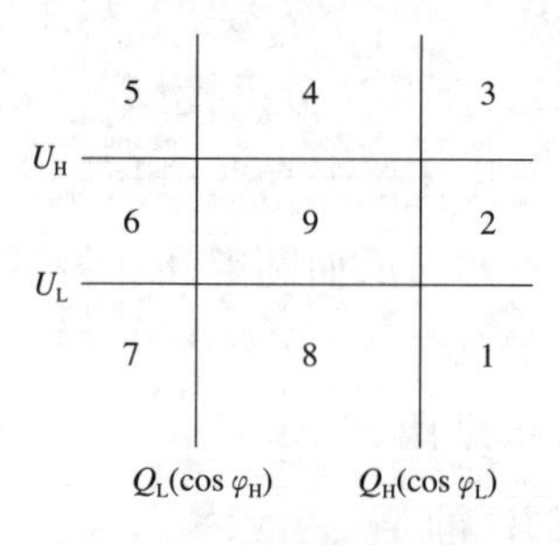

图 5–1　九域图控制法

根据要求得到 U、Q（COS φ）正常的范围后，可画出如图 5-1 所示的九域图，其中，区域 9 为 U、Q（COS φ）正常的区域。九域图控制法原理是调节有载调压变压器分接头及投切电容器，使系统尽量运行于区域 9。调节有载调压变压器分接头位置或投切电容器改变无功补偿量 Q_c，都将引起变电站母线电压 U 和从系统吸收的无功功率 Q（$Q=Q_1+Q_c$，其中，Q_1为投切电容器前从系统吸收的无功功率）的变化，变化关系见表 5-1（分接头正接）。

表 5–1　分接头正接时 U、Q 动作变化关系

动作类型	U 变化	Q 变化
升主变分接头	U 下降	Q 减少
降主变分接头	U 上升	Q 增加
投电容器	U 上升	Q 减少
切电容器	U 下降	Q 增加

8. 简述电压无功控制装置在无功控制九域图中各区域的调节原理。

答：区域 1：$\cos\varphi<\cos\varphi_L$，$U<U_L$，投入电容器，视情况调节分接头或不调分接头，使电压趋于正常。

区域 2：$\cos\varphi<\cos\varphi_L$，$U$ 正常，投入电容器，视情况调节分接头或不调分接头，使电压恢复正常。

区域 3：$\cos\varphi<\cos\varphi_L$，$U>U_H$，调分接头降压，电压正常后，投入电容器，否则不投。

区域 4：$\cos\varphi$ 正常，$U>U_H$，调节分接头降压，至极限挡位后仍无法满足要求，强行切除电容器。

区域 5：$\cos\varphi>\cos\varphi_H$，$U>U_H$，切除电容器，视情况调节分接头或不调分接头，使电压趋于正常。

区域 6：$\cos\varphi>\cos\varphi_H$，$U$ 正常，切除电容器，视情况调节分接头或不调分接头，使电压恢复正常。

区域 7：$\cos\varphi>\cos\varphi_H$，$U<U_L$，调分接头升压，电压正常后，切除电容器，否则不切。

区域 8：$\cos\varphi$ 正常，$U<U_L$，调节分接头升压，至极限挡位后仍无法满足要求，强行投入电容器。

9. 电网母线电压允许偏差范围多少？

答：在监视和运行控制厂站母线电压曲线时，应满足以下电压允许偏差范围。

（1）正常运行方式时，变电站 220kV 母线电压允许偏差为系统额定电压的 −3% ～ +7%；故障运行方式时为系统额定电压的 −5% ～ +10%。

（2）发电厂和 220kV 变电站的 110 ～ 35kV 母线正常运行方式时，电压允许偏差为系统额定电压的 −3% ～ +7%；故障运行方式时为系统额定电压的 ±10%。

（3）带地区供电负荷的变电站和发电厂（直属）的 10（6）kV 母线正常运行方式下的电压允许偏差为系统额定电压的 0% ～ +7%。

10. 监控范围内变电站母线电压和功率因数超出规定范围时值班监控员如何处理？

答：监控范围内变电站母线电压和功率因数超出规定范围时，值班监控员应及时进行无功补偿装置的投切。若采取手段后仍不能满足要求时，应及时向相应调控中心值班调度员汇报。必要时值班监控员可将变电站无功调压操作委托运维站。

接入AVC系统的变电站无功补偿设备及变压器有载分接头以AVC系统自动控制为主，特殊、异常情况可由人工干预。

11. 什么是自动电压控制（AVC）？

答：自动电压控制简称AVC（Automatic Voltage Control），是发电厂和变电站通过集中的电压无功调整装置自动调整无功功率和变压器分接头，使注入电网的无功值为电网要求的优化值。从而使全网（含跨区电网联络线）的无功潮流和电压都达到要求，这种集中的电压无功调整装置称之为AVC。

12. AVC的控制设备是什么?

答：变压器、电容器、电抗器。

13. AVC主站有几种状态，分别是怎么定义的?

答：主站状态（主站的控制级别，其优先级别比变电站要高）：投入、退出。

“投入”：此主站的所有SCADA数据采集点齐全。若此时全网状态也设为“投入”且该站中有设备设为闭环，那么系统将对所辖变电站的闭环设备进行自动控制。

“退出”：人工对变电站进行退出后，AVC系统将不对所辖变电站的任何设备进行控制，但仍然采集数据。

14. AVC中变电站有几种状态，分别是怎么定义的?

答：变电站状态（变电站的控制级别，其优先级别比设备状态要高）：投入、退出。

“投入”：此变电站的所有SCADA数据采集点齐全。若此时全网状态也设为“投入”且该站中有设备设为闭环，那么系统将对该变电站的闭环设备进行自动控制。

“退出”：人工对变电站进行退出后，AVC系统将不对该变电站的任何设备进行控制，但仍然采集数据。

15. AVC中设备优化状态有几种状态，分别是怎么定义的?

答：设备状态：开环、闭环、退出。

“开环”：AVC系统不会对设备进行直接发指令控制，但形成控制建议，以文字及音响形式提示操作员对设备进行操作。

“闭环”：AVC系统可对设备进行直接发指令控制，并通过SCADA系统执行，不需要人工干预。

“退出”：AVC系统对此设备既不发控制建议也不控制指令。

16. 分布式计算是如何定义的?

答：分布式计算方式指由主站系统统一进行全网优化计算，形成控制指令，并下发到各子站系统分别执行的控制方式。

17. 单机计算是如何定义的?

答：单机计算方式指以子站系统进行区域范围的优化计算，并形成控制指令，直接执行的控制方式。

18. AVC 系统正常运行时以怎样计算方式运行?

答：在 AVC 系统正常运行时，均以分布式计算方式运行，以达到全网无功电压的优化控制；仅在子站系统与主站系统通信异常时，主站系统无法接受相关子站的数据，相关 AVC 子站系统将自动转为单机计算方式，进行区域范围的优化控制。

19. AVC 保护状态如何定义?

答：保护状态即“正常”和“保护”。如果某设备的任一保护信号动作，将触发该设备的保护状态。如果某设备保护状态触发，其保护状态就为“保护”，则系统不会对此设备发令。

20. AVC 设备的当前控制状态有哪几种?

答：控制、建议、不可控。

(1) 设备处于闭环运行且没有任何形式的闭锁的情况下其当前控制状态就为控制。

(2) 设备处于开环运行且没有任何形式的闭锁的情况下其当前控制状态就为建议。

(3) 设备处于闭锁状态或保护触发状态其当前控制状态就为不可控。

21. AVC 系统的基本原理?

答：AVC 系统的基本原理是通过 SCADA 系统采集全网各节点遥测、遥信等实时数据，由 AVC 主站服务器采用电压灵敏度校验及优化算法进行在线分析和计算，在确保电网与设备安全运行的前提下，以各节点电压、省网关口功率因数为约束条件，从全网角度进行在线无功电压优化控制，实现无功补偿设备投入合理和无功分层分区就地平衡与电压稳定，实现电容器投切最合理、电压合格率最高和输电网损率最小的综合优化目标。AVC 主站系统优化计算后，最终形成无功补偿设备投切控制指令，由各监控中心 AVC 子站系统接收各自相关控制指令，并借助 SCADA 系统的遥控、遥调功能执行控制指令；同时，AVC 系统还利用计算机技术和网络通信技术，实现了对电网内各变电站的无功补偿设备的集中监视和集中管理，实现了全网电压无功优化运行的闭环控制。

22. AVC 主站功能是什么?

答：AVC 功能是通过对地区电网实时无功电压运行信息的采集、监视和计算分析，在满足电网安全稳定运行基础上，控制电网中无功电压设备的运行状态，与上下级调度协调控制，维持电压运行在合格范围内，优化无功分布，降低电网损耗。

应依次达到以下要求：①保证所辖范围内监控电压运行在合格范围内；②降低电网损耗。

23. 两台并列运行的变压器 AVC 系统控制状态是否必须一致?

答：为了保证设备可靠运行，AVC 系统不会对这控制状态不同的两台变压器发出控制建议和控制指令，故对并列运行的变压器，不可将一台设为“闭环”、另外一台设为“开环”或“退出”。

24. AVC控制闭锁功能应包括系统级闭锁、厂站级闭锁和设备级闭锁的含义是什么?

答：各级闭锁的含义为：

（1）系统级闭锁是指AVC主站整体闭锁，不向所有电厂或变电站发控制命令。

（2）厂站级闭锁是指AVC主站对某个电厂或变电站停止发控制命令，其他电厂或变电站正常控制。

（3）设备级闭锁是指对某具体设备停止发控制命令。

25. 调整电网电压的手段有哪些?

答：系统电压的调整，必须根据系统的具体要求，在不同的厂站，采用不同的方法，常用电压调整方法有以下几种：

（1）增减无功功率进行调压，如发电机、调相机、并联电容器、并联电抗器调压。

（2）改变有功功率和无功功率的分布进行调压，如调压变压器、改变变压器分接头调压。

（3）改变网络参数进行调压，如串联电容器、投停并列运行变压器、投停空载或轻载高压线路调压。

（4）通过静止无功补偿器调压（改变运行方式调压）。

（5）特殊情况下有时采用调整用电负荷或限电的方法调整电压。

26. 什么是逆调压? 什么是顺调压? 什么是恒调压?

答：（1）所谓逆调压是指在负荷高峰期，将网络电压向增高方向调整，而增加值不超过额定电压得到5%；在负荷低谷时，将网络电压向降低方向调整，通常调整到接近额定电压，使网络电压在接近经济电压状态下运行。

（2）所谓顺调压是指在高峰期允许网络中枢点的电压略低，但不得低于额定电压的97.5%；在低谷期，允许网络中枢点的电压略高，但不得高于额定电压的107.5%。

（3）所谓恒调压是指在任何负荷下，都保持网络中枢点的电压基本不变，通常使保持中枢点的电压比额定电压高于5%。

27. 电抗器的作用有哪些？

答：电抗器主要用来限制短路电流，滤除谐波和补偿无功功率。

电抗器串联在电力系统中，可以有效降低短路电流，保护电力设备。

电抗器与电容器等串、并联组成滤波器，可以限制电网中的高次谐波，提高电能质量；在高压直流输电系统中，平波电抗器可以减小直流电流的纹波幅值，改善直流电流的波形。

电抗器补偿电网中的无功功率，可以优化电力系统无功功率运行，在降低工频暂态过电压、改善系统无功功率分布、防止自励磁和减小潜供电流等方面均有广泛应用。

28. 铁磁谐振过电压现象和消除方法是什么？

答：（1）现象：三相电压不平衡，一或二相电压升高超过线电压。

（2）消除方法：改变系统参数。

1）断开充电断路器，改变运行方式。

2）投入母线上的线路，改变运行方式。

3）投入母线，改变接线方式。

4）投入母线上的备用变压器或所用变压器。

5）将电压互感器开三角侧短接。

6）投、切电容器或电抗器。

29. 并联电抗器和串联电抗器各有什么作用？

答：线路并联电抗器可以补偿线路的容性充电电流，限制系统电压升高和操作过电压的产生，保证线路的可靠运行。

母线串联电抗器可以限制短路电流，维持母线有较高的残压。而电容器组串联电抗器可以限制高次谐波，降低电抗。

30. SVG与SVC无功补偿原理区别是什么?

答：SVG是英文Static Var Generator的缩写，意思是静止无功发生器；SVC是英文Static Var Compensator的缩写，是无功补偿器的意思。

他们的区别：

SVG，可分为电压型和电流型两种，其既可提供滞后的无功功率，又可提供超前的无功功率。简单地说，SVG的基本原理就是将自换相桥式电路通过电抗器或者直接并联在电网上，适当调节桥式电路交流侧输出电压的相位和幅值，或者直接控制其交流侧电流，就可以使该电路吸收或者发出满足要求的无功电流，实现功率无功补偿的目的。

SVC，是用于无功补偿典型的电力电子装置，它是利用晶闸管作为固态断路器来控制接入系统的电抗器和电容器的容量，从而改变输电系统的导纳。按控制对象和控制方式不同，分为晶闸管控制电抗器（TCR）和晶闸管投切电容器（FC）配合使用的静止无功补偿装置（FC+TCR）和TCR与机械投切电容器（MSC）配合使用的装置。

第六章　设备监控运行及管理

1. 值班监控员日常监视工作有哪些?

答：值班监控员负责受控站设备的监视工作，主要包括事故、异常、越限、变位信息；全面掌握各受控站的运行方式、设备状态、异常信号、主设备的负载、电压水平、故障处理及关键断面等情况；定期对受控站进行巡回检查，及时发现异常和缺陷。

2. 地调值班监控员工作的主要任务是什么?

答：地调值班监控员负责监控范围内的设备监视、倒闸操作、无功电压调整、监控信息处置以及输变电设备状态在线监测和分析，协助值班调度员指挥和协调变电运维人员进行故障处置，变电运维人员在进行监控运行业务联系时应服从值班监控员的指挥和协调。

3. 交接班前交班人员应做哪些工作?

答：交班值调控人员应提前30min审核当班运行记录，检查本值工作完成情况，准备交接班日志，整理交接班材料，做好清洁卫生和台面清理工作。交接班前15min内，一般不进行重大操作。若交接班前正在进行操作或事故处理，应在操作、事故处理完毕或告一段落后，再进行交接班。

4. 交接班前接班人员应做哪些工作?

答：接班值调控人员应提前15min到达值班场所，认真阅读调度、监控运行日志，停电工作票、操作票等各种记录，全面了解电网和设备运行情况。

5. 交接班过程中如何监控并进行事故处理?

答：在值班人员完备的前提下，交接班时交班值应至少保留1名调度员和1名监控员继续履行调度监控职责。若交接班过程中系统发生事故，应立即停止交接班，由交班值人员负责事故处理，接班值人员协助，事故处理告一段落后继续进行交接班。

6. 监控交接班主要有哪些内容?

答：监控交接班内容应包括：

（1）监控范围内的设备电压越限、潮流重载、异常及事故处理等情况。

（2）监控范围内的一、二次设备状态变更情况。

（3）监控范围内的检修、操作及调试工作进展情况。

（4）监控系统、设备状态在线监测系统及监控辅助系统运行情况。

（5）监控系统检修置牌、信息封锁及限额变更情况。

（6）监控系统信息验收情况。

（7）其他重要事项。

7. 监控信息如何分类?

答：监控信息分为事故、异常、越限、变位、告知五类。

（1）事故信息是指反映各类事故的监控信息，包括：

1）全站事故总信息；

2）单元事故总信息；

3）各类保护、安全自动装置动作信息；

4）断路器异常变位信息。

（2）异常信息是指反映电网设备非正常运行状态的监控信息，包括：

1）一次设备异常告警信息；

2）二次设备、回路异常告警信息；

3）自动化、通信设备异常告警信息；

4）其他设备异常告警信息。

（3）越限信息是指遥测量越过限值的告警信息。

（4）变位信息是指各类断路器、装置软压板等状态改变信息。

（5）告知信息是指一般的提醒信息，包括油泵启动、隔离开关变位、主变分接断路器挡位变化、故障录波启动等信息。

8. 设备集中监视分为哪几类，具体各有什么要求?

答：设备集中监视分为全面监视、正常监视和特殊监视。

（1）全面监视是指监控员对所有监控变电站进行全面的巡视检查，每值至少两次。全面监视内容包括：

1）检查变电站设备运行工况；

2）核对监控系统检修置牌情况；

3）核对监控系统信息封锁情况；

4）检查监控系统、设备状态在线监测系统和监控辅助系统（视频监控、五防系统等）运行情况；

5）检查变电站监控系统告警直传及远程浏览功能情况；

6）检查监控系统时钟同步装置运行情况；

7）核对未复归监控信号及其他异常信号。

（2）正常监视是指监控员值班期间对变电站设备事故、异常、越限、变位信息及设备状态在线监测告警信息进行不间断监视。正常监视要求监控员在值班期间不得遗漏监控信息，对各类告警信息应及时确认并进行检查分析，及时发现受控站设备运行中的问题，按规定汇报值班调度员，通知运维人员检查处理。

（3）特殊监视是指在某些特殊情况下，监控员对变电站设备采取的加强监视措施，如增加监视频度、定期抄录相关数据、对相关设备或变电站进行固定画面监视等，并做好事故预想及各项应急准备工作。

9. 出现哪些情况时应对变电站相关区域或设备开展特殊监视？

答：在出现以下情况时应对变电站相关区域或设备开展特殊监视：

（1）设备有严重或危急缺陷，需加强监视时。

（2）新设备试运行期间。

（3）设备重载或接近稳定限额运行时。

（4）遇特殊恶劣天气时。

（5）重点时期及有重要保电任务时。

（6）电网处于特殊运行方式时。

（7）其他有特殊监视要求时。

10. 调控中心监控信息管理的职责是什么？

（1）组织制订变电站设备监控信息技术规范和管理规定，并协调、监督有关部门和单位落实。

（2）负责变电站二次设备的监控信息技术管理。

（3）参与涉及变电站设备监控信息的设计审查、设备选型和出厂验收。

（4）负责变电站设备监控信息表的审批和发布，负责组织开展变电站设备监控信息接入及联调验收。

（5）负责变电站集中监控许可管理，对变电站设备监控信息进行现场评估。

（6）实时监视和处置变电站设备监控信息，组织开展监控运行分析。

（7）组织开展变电站设备监控信息考核评价。

11. 什么是告知信息？

答：告知信息是反映电网设备运行情况、状态监测的一般信息。主要包括隔离开关、接地断路器位置信息、主变运行挡位，以及设备正常操作时的伴生信息（如保护装置、故障录波器、收发信机的启动等）。该类信息需定期查询。

12. 告知信息的处置要求？

答：（1）调控中心负责告知类监控信息的定期统计，并向运维站反馈。

（2）运维站负责告知类监控信息的分析和处置。

13. 信息分析处理的工作要求？

答：（1）设备监控管理专业人员对于监控员无法完成闭环处置的监控信息，应及时协调运检部门和运维站进行处理，并跟踪处理情况。

（2）设备监控管理专业人员对监控信息处置情况应每月进行统计。对监控信息处置过程中出现的问题，应及时会同调度控制专业、自动化专业、继电保护专业和运维站总结分析，落实改进措施。

14. 调控信息接入验收的基本要求是什么?

答：调控信息接入验收合格应作为变电站投产运行的必备条件。

安装调试单位提出验收申请前须完成自验收，并将验收所需资料提交相关调控中心。

验收资料还需包括主站联调报告、厂站联调报告、厂站信息核对记录、调控信息表、信息接入对应表、信息接入对应试验表、远动通信工作站内参数记录等。

验收主要内容：

（1）二次设备信息接入满足集中监控运行要求。

（2）接入信息的内容和命名满足公司颁布的信息规范要求。

（3）现场数据库信息与调控信息表信息一致。

（4）现场实际信息接入与信息接入对应表一致。

（5）联调信息正确。

（6）根据现场实际情况对调控信息进行抽测试验等。

15. 什么叫信息联调? 信息联调的安全措施有哪些?

答：信息联调是指通过一次设备、二次设备、远动通道、调度自动化系统进行联合调试，验证系统功能的完整性，二次回路、信息传输的正确性，以及传输规约一致性。信息联调范围包括遥测、遥信、遥调、遥控的联调以及远动通道切换试验等。

信息联调的安措有：

（1）调度自动化系统遥控联调时要根据现场实际情况重点做好危险点预控、应急预案等工作，避免继电保护误动、拒动和一次设备无保护运行。

（2）主站系统设置联调责任区，仅将需进行联调的变电站放入责任区，主站端调试人员登录联调责任区进行联调。

（3）调度自动化系统遥控联调时，对处于基建调试阶段的新建变电站，所有控制对象均切至“远方”操作状态进行信息联调；对于运行变电站，除需联调验证的测控装置（包括保护测控一体化装置）切至“远方”操作状态外，其他测控装置均切换至“就地”操作状态，所有隔离开关操作机构均切换至就地操作状态。

（4）不停电联调时，应退出联调变电站内所有测控装置断路器、隔离开关的遥控出口压板，应退出隔离开关电动机构操作电源和控制电源，并将隔离开关操动机构切换至就地操作。

16. 调控中心在调控信息接入验收中工作职责是什么?

答：（1）负责审批所管辖范围内变电站调控信息接入（变更）的申请，负责调控信息表的发布，参与信息接入对应表的审查，组织调控信息接入调度自动化系统的验收工作，负责变电站调控信息接入的现场验收，负责现场调控接入信息与地区调控中心下达的调控接入信息的一致性工作。

（2）负责调度自动化系统主站端的数据维护、画面制作、信息联调等工作，确保主站端信息正确、完整，负责编制调控信息接入主站端联调报告。

（3）负责组织所管辖范围内变电站调控信息中断、故障等重要缺陷的技术调查分析。

（4）负责所管辖范围内变电站一、二次设备接入变电站监控系统信息的综合技术协调和规范工作。

17. 调控中心在集中监控许可管理中的工作职责？

答：（1）负责接收、审核和批复变电站集中监控许可申请；

（2）负责组织开展变电站监控业务移交准备工作；

（3）负责组织对变电站是否满足集中监控条件进行现场检查和分析评估；

（4）负责做好集中监控职责交接工作；

（5）负责集中监控职责交接后的监控业务。

18. 运维检修单位在集中监控许可管理中的工作职责？

答：（1）负责提交变电站集中监控许可申请和相关材料。

（2）负责集中监控职责交接前的监控业务。

（3）负责变电站集中监控现场检查前的自查验收。

（4）配合调控中心对变电站是否满足集中监控条件进行现场检查和分析评估；负责对现场检查和分析评估中发现的问题进行整改。

（5）负责做好集中监控职责交接工作。

19. 变电站具备集中监控的基本条件？

答：（1）变电站满足《无人值守变电站及监控中心技术导则》（Q/GDW 231）；

（2）变电站满足《变电站集中监控验收技术导则》（Q/GDW 11288）要求，并按要求完成设备监控信息（包括消防、技防信息）的接入验收；

（3）变电站已正式投入运行，且不存在影响集中监控的缺陷和隐患。

20. 集中监控许可管理的工作流程？

答：新建变电站纳入调控中心实施集中监控应执行自查、申请、现场检查、评估、批复、交接的许可管理流程。改、扩建变电站纳入调控中心实施集中监控可参照新建变电站许可管理流程执行。

21. 变电站实施集中监控许可的申请资料包括什么？

答：（1）设备台账、设备运行限额（包括最小载流元件）；

（2）现场运行规程（应包括：变电站一次主接线图、站内交流系统图、站内直流系统图、GIS设备气隔图、现场事故预案等）；

（3）保护配置表；

（4）自查报告。

22. 集中监控评估报告应包括哪些内容？

答：（1）变电站基本情况。

（2）变电站运行情况。

（3）变电站现场检查情况。

（4）遗留问题及缺陷。

（5）调控中心监控业务移交准备工作情况。

（6）需在报告中体现的其他情况。

（7）评估意见（明确是否具备集中监控条件）。

23. 影响集中监控评估通过的内容包括什么？

答：（1）设备存在危急或严重缺陷。

（2）监控信息存在误报、漏报、频发现象。

（3）现场检查的问题尚未整改完成，不满足集中监控技术条件。

（4）其他严重影响正常监控的情况。

24. 变电站新设备是否可无限额运行？

答：变电站设备不得无限额运行。有关部门要在设备投运前及时下达设备监视参数，调控中心要按照要求，在调度自动化系统完成设备限额设置。

25. 调度管辖的设备单位领导是否有权改变其运行方式？

答：调度管辖的设备凡属直接调度管辖的设备，未经值班调度员的指令，各有关单位不得擅自进行操作或改变其运行方式（对人身或设备安全有严重威胁者除外，但应及时向值班调度员报告）。

26. 出现哪些情形调控中心应将相应的监控职责临时移交运维站？

答：出现以下情形，调控中心应将相应的监控职责临时移交运维站：

（1）变电站站端自动化设备异常，监控数据无法正确上送调控中心。

（2）调控中心监控系统异常，无法正常监视变电站运行情况。

（3）变电站与调控中心通信通道异常、中断，监控数据无法上送调控中心。

（4）变电站设备检修或者异常，频发告警信息影响正常监控。

（5）变电站内主变、断路器等重要设备发生严重故障，危及电网安全稳定运行。

（6）变电站运行设备告警且无法复归，调控中心失去对该设备有效监控。

（7）在台风等可预见性自然灾害来临之前，调控中心可视灾害严重程度决定将受影响的受控站监控职责移交相应变电运维站（班）。

（8）因电网安全需要，调控中心明确变电站应恢复有人值守的其他情况。

27. 集中监控告警信息缺陷如何分类？

答：（1）危急缺陷是指监控信息反映出会威胁安全运行并需立即处理的缺陷，否则，随时可能造成设备损坏、人身伤亡、大面积停电、火灾等事故。

（2）严重缺陷是指监控信息反映出对人身或设备有重要威胁，暂时尚能坚持运行但需尽快处理的缺陷。

（3）一般缺陷是指危急、严重缺陷以外的缺陷，指性质一般，程度较轻，对安全运行影响不大的缺陷。

28. 监控信息的处置原则是什么？

答：监控信息处置以“分类处置、闭环管理”为原则，分为信息收集、实时处置、分析处理三个阶段。

29. 监控人员发现监控告警信息后需进行哪些信息收集？

答：调控中心值班监控人员通过监控系统发现监控告警信息后，应迅速确认，根据情况对以下相关信息进行收集，必要时应通知变电运维站协助收集：

（1）告警发生时间及相关实时数据。

（2）保护及安全自动装置动作信息。

（3）断路器变位信息。

（4）关键断面潮流、频率、母线电压的变化等信息。

（5）监控画面推图信息。

（6）现场影音资料（必要时）。

（7）现场天气情况（必要时）。

30. 监控职责临时移交如何办理？

答：监控职责临时移交时，值班监控员应以录音电话方式与运维站明确移交范围、时间、移交前运行方式等内容，并做好相关记录。移交完成后，值班监控员应将移交情况向相关调度进行汇报，运维站应按照值班监控员要求做好移交范围的设备监控工作。监控功能恢复正常后，值班监控员应及时收回监控职责。收回监控职责流程与移交流程相同。因变电站设备检修或异常，频发告警信息影响正常监控，调控中心向运维站临时移交监控职责后，可对相关信号实施告警抑制。

31. 什么是变电站集中监控许可？

答：变电站集中监控许可是指调控中心根据变电站设备运维检修单位的申请，经检查评估并履行业务移交手续后，准予其纳入调控中心集中监控的行为。

32. 变电站监控信息联调验收应具备哪些条件？

答：（1）变电站监控系统已完成验收工作，监控数据完整、正确。

（2）相关调度技术支持系统已完成数据接入和维护工作。

（3）相关远动设备、通信通道应正常、可靠。

33. 影响集中监控的风险分为几类？

答：集中监控风险按照影响范围分为电网运行风险、设备运行风险、监控运行风险三类。

34. 集中监控风险发布类型分几类?

答：对集中监控风险的发布类型分为告知类、重点关注类和及时整治类三种类型。

35. 监控风险库一般由哪些要素构成?

答：监控风险库一般包括风险的具体内容、风险等级、发布模式、发布对象、管控措施、辨识人、发布周期等内容。

36. 集中监控风险一般包括哪些管控流程?

答：集中监控风险一般执行风险辨识、评估、发布、管控、解除的闭环管理流程。

第七章　典型案例

1. × 日暴雨天气，×× 供电公司辖区内多座变电站发生 10kV 线路故障跳闸，×× 变电站 ××211 线路过流Ⅰ段保护动作，重合失败。当线路维护单位反复巡线未发现明显故障后，调度员决定强送 211 线路。监控员试送两次未成功，经仔细检查发现 211 间隔发出“断路器弹簧未储能”信号，之前由于告警信息量大，监控员未能及时发现。调度员令变电运维人员进变电站处理，恢复 211 断路器弹簧储能后，试送 211 断路器成功。请分析以上问题中监控员有何处置不当之处？故障停运线路远方试送中监控员应如何确认断路器具备远方试送条件？

答：（1）不当之处：值班监控员工作疏漏，未及时发现 211 断路器弹簧未储能信号，导致远方试送操作不成功。同时贻误缺陷处理时机，导致 211 线路停电时间延长。

（2）监控员应在确认满足以下条件后，及时向调度员汇报变电站内设备具备线路远方试送操作条件：

1）线路主保护正确动作、信息清晰完整，且无母线差动、断路器失灵等保护动作。

2）对于带高压电抗器、串补运行的线路，未出现反映高压电抗器、串补故障的告警信息。

3）通过工业视频未发现故障线路间隔设备有明显漏油、冒烟、放电等现象。

4）故障线路间隔一、二次设备不存在影响正常运行的异常告警信息。

5）断路器远方操作到位判断条件满足两个非同样原理或非同源指示“双确认”。

6）集中监控功能（系统）不存在影响远方操作的缺陷或异常信息。

2. ×× 变电站在 1 号主变压器倒闸操作中发出“1 号主变压器 110kV 断路器分闸”及“1 号主变压器 110kV 断路器闭锁重合闸”信息，但主变压器断路器潮流情况正常，监控员联系运维人员时电话无人接，也未监视到“1 号主变压器 110kV 断路器闭锁重合闸”复归信号。监控员认为是设备误发信，未重视，没有汇报调度也未再继续联系运维人员。5h 后，该变电站又发出“1 号主变压器 110kV 断路器控制回路断线”信息，监控员才汇报调度、联系运维人员现场核实。后发现为 1 号主变压器 110kV 操动机构压力低，已闭锁分合闸。该案例暴露出的问题及防范措施是什么？

答：（1）暴露问题：

1）监控员运行经验不足，发出“1 号主变压器 110kV 断路器分闸”及“1 号主变压器 110kV 断路器闭锁重合闸”信息时，检查潮流正常有变化，没想到操动机构压力低闭锁重合闸问题，导致误判断为误发信。

2）缺陷未及时得到处理，从断路器仅闭锁重合闸发展到闭锁分合闸，导致无法及时隔离故障设备。

3）监控员发现异常告警信息时，未按既定流程汇报调度。

4）运维人员未及时接听值班电话。监控员找不到值班运维人员时，未及时汇报领导。

（2）防范措施：

1）加强监控员业务培训，对一些典型运行经验，要及时进行积累，并分析、整理成培训教材，适时对监控员进行培训。

2）加强运维人员值班管理，监控员发现联系不上时，及时汇报相关领导。

3）监控员发现告警信息应及时汇报调度员。

3. 某220kV变电站D，带有110kV、35kV电压等级，主变为无载调压方式，110kV出线所送110kV变压器为有载调压，其中35kV出线主要送城网人口、商业稠密地区，全部为电缆线路。在国庆长假期间，两台主变负载率均仅有20%左右，35kV出线亦处于20%负载率的轻载水平。这时发现35kV母线电压已达37kV；查看220kV电压，已至236kV；而110kV母线电压为112kV。请结合调规以及工作实际，如何使地调所管辖的各等级电压水平恢复至合理区间？

答：（1）退出变电站35kV电容器，投入35kV电抗器。

（2）督促用户变电站按有关规定退出电容器。

（3）通过调整110kV出线所送变电站的有载调压变压器分接头，确保110kV电压及用户电压不偏低。

（4）联系上级调度，确保系统安全情况下，调低D站220kV母线电压。

（5）确保系统安全情况下，调整35kV出线负荷，拉停部分轻载、空载电缆线路，减少充电功率。

4. 110kV C站运行方式：AC 1001线断路器运行，110kV母分断路器运行，BC 1002线断路器热备用，如图7-1所示。设定：AC 1001线为全电缆线路，110kV C站内保护全部正确动作。电网发生故障，监控系统出现如下信号：

18:16:00	110kV C站	全站事故总信号　动作
18:16:00	110kV C站	#1主变差动保护出口　动作
18:16:00	110kV C站	AC 1001线控制回路断线　动作
18:16:00	110kV C站	#1主变10kV断路器　断开
18:16:01	110kV C站	110kV母分断路器　断开
18:16:01	220kV A站	AC 1001线保护出口　动作
18:16:02	220kV A站	AC 1001线断路器　断开
18:16:04	220kV A站	AC 1001线保护出口　复归
18:16:10	110kV C站	110kV备自投出口　动作
18:16:11	110kV C站	10kV Ⅱ段母线电压UAB越操作下限　动作

18:16:11	110kV C 站	10kV Ⅱ段母线电压 UBC 越操作下限	动作
18:16:11	110kV C 站	10kV Ⅱ段母线电压 UCA 越操作下限	动作
18:16:12	110kV C 站	10kV Ⅰ段母线电压 UAB 越操作下限	动作
18:16:12	110kV C 站	10kV Ⅰ段母线电压 UBC 越操作下限	动作
18:16:12	110kV C 站	10kV Ⅰ段母线电压 UCA 越操作下限	动作

（1）请根据监控信息分析具体的故障点位置，要求写出分析过程。

（2）请描述出故障发生的整个过程及保护、断路器动作行为。

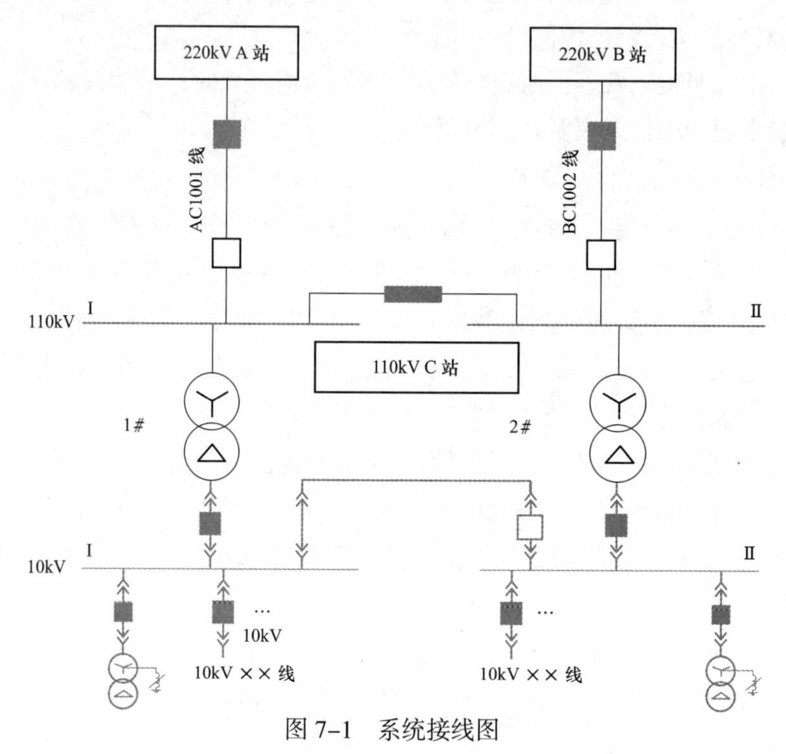

图 7-1　系统接线图

答：故障点位置为：110kV C 站 #1 主变高压侧、AC1001 线断路器、110kV 母分断路器之间位置。

（1）分析过程：

1）110kV C 站 #1 主变差动保护动作，说明故障点在主变差动保护范围内。

2）因 AC1001 线控制回路断线无法分闸，故障由 220kV A 站 AC1001 线线路保护跳开 AC1001 线断路器进行隔离。根据监控收到的信息初步判断 220kV A 站 AC1001 线线路保护动作时间小于 1s，可认为是Ⅱ段保护动作，Ⅱ段保护范围不深入 C 站主变内部。

3）110kV C 站非电量保护未动作，因此主变内部故障出现概率较低。

（2）综上分析：故障点在 C 站 110kV 侧，#1 主变高压侧、AC1001 线断路器、110kV 母分断路器之间位置。

故障整个过程及保护、开关动作行为：

（1）110kV C 站 #1 主变高压侧故障，#1 主变差动保护动作。

（2）由于 AC1001 线控制回路断线，差动保护跳开 #1 主变 10kV 断路器和 110kV 母分断路器，AC1001 线断路器拒动。

（3）1s 后 220kV A 站 AC1001 线Ⅱ段保护动作，AC1001 线断路器断开切除故障，由于线路为全电缆线路，重合闸停用。

（4）7s 后 110kV C 站由于 110kV Ⅰ、Ⅱ段母线都失压，110kV 备用电源动作，第一时间跳 AC1001 线断路器，由于 AC1001 线控制回路断线断路器无法跳开，因此 110kV 备用电源无法合上 BC1002 线断路器，从而导致 110kV C 站整站失电。后续 C 站 10kV 母线失压信号出现。

5. ×× 监控员进行远方操作，投入线路保护重合闸，当重合闸软压板投入后，因其他变电站有断路器跳闸，监控员未检查重合闸充电满信号。几天后，现场运维人员在现场核对运行状态时，发现该线路保护重合闸充电灯不亮，随即汇报调度。经现场检查，判断线路重合闸软压板实际未投入。该案例暴露出的问题及防范措施是什么？

答：（1）暴露问题：

1）该事件说明调控员对设备运行异常情况的报警信息不重视，不认真执行倒闸操作“三核对”。

2）调控员责任心不强，在出现事故异常信号时，应该对所出信号逐个检查核对，以免遗漏。

（2）防范措施：

1）继电保护远方操作时，至少应有两个指示发生对应变化，且所有这确定的指示均已同时发生对应变化，才能确认该设备已操作到位。

2）操作中发现监控告警信息后，应迅速确认，及时通知运维人员现场查，必要时向有关调度汇报。

6. 试根据图 7-2 所示的波形图分析变压器区内、区外发生了何种故障，此时变压器差动保护的动作行为？I_H 为 220kV 主变高压侧的 ABC 三相电流，I_M 为 110kV 中压侧的 ABC 三相电流，变压器绕组的接线方式为Y0/Y0，220kV 直接接地，110kV 经中阻接地，TA 的接线方式为Y/Y。

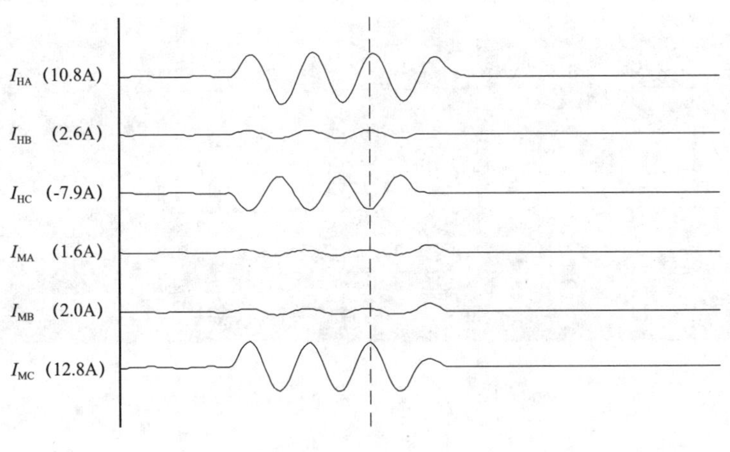

图 7-2　波形图

答：（1）由图 7-2 看出高压侧 A 有很大的故障电流，而中压侧 A 相无很大的故障电流，判断出并非区外故障，而是 A 相区内故障，并且 110kV 侧为无电源。

（2）由图 7-2 分析，220kV 与 110kV 的 C 相电流同时增大并且相位为反向，可以判断 110kV 侧区外 C 相接地。

7. 某 220kV 线路 MN，如图 7–3 所示，配置闭锁式纵联保护及完整的距离、零序后备保护。线路发生故障并跳闸，经检查：一次线路 N 侧出口处 A 相断线，并在断口两侧接地。N 侧保护距离 I 段（Z1）动作跳 A 相，经单重时间重合不成后加速跳三相。M 侧保护纵联零序方向（O++）动作跳 A 相，经单重时间重合不成后加速跳三相。N 侧故障录波在线路断线时启动。试通过 N 侧故障录波图（见图 7–4），分析两侧保护的动作行为。

（注：N 侧为母线 TV，两侧纵联保护不接单跳位置停信，投单相重合闸。纵联保护通道在 C 相上。二段时间 t_2=0.5s。）

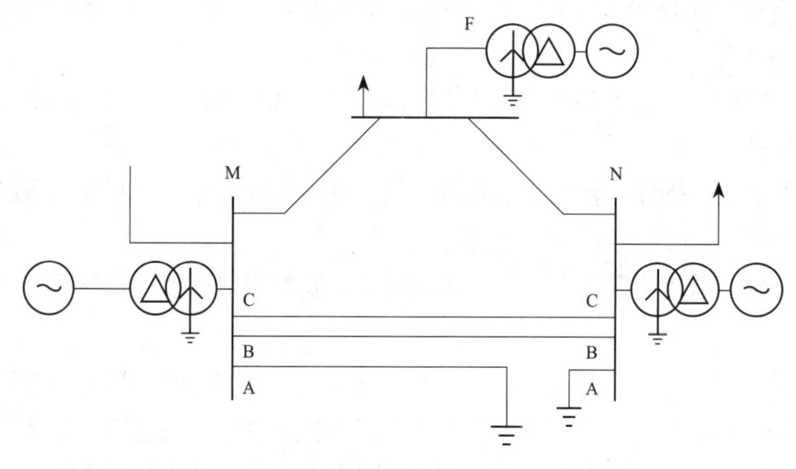

图 7–3　系统接线图

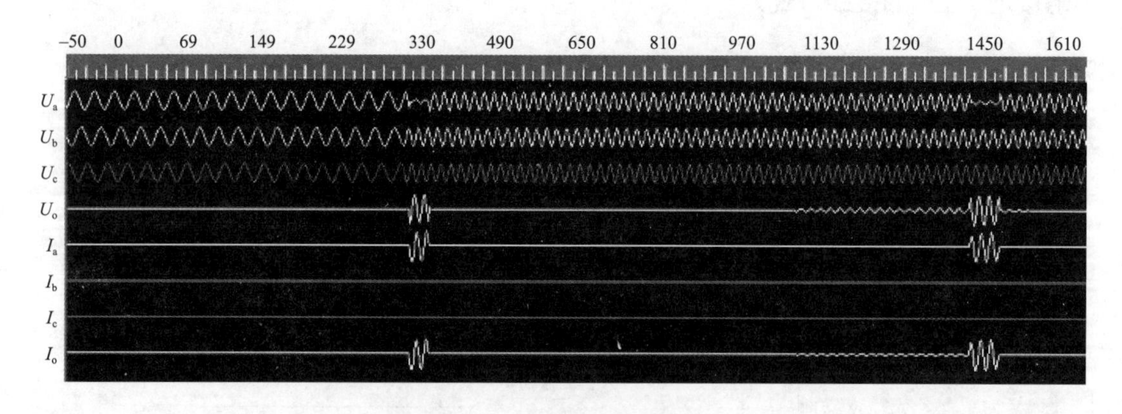

图 7–4　N 侧故障录波图

答：（1）从 N 侧录波图 0s 启动由没有故障表现，就此推断大约 300ms 前只发生了断线故障。

（2）两侧保护均没感受到故障，到录波图大约 300ms 处发生断口母线侧（与 N 侧相连接部分）A 相接地故障，N 侧保护由于感受到接地故障，所以距离一段动作。由于 M 侧（断口的线路侧）这时仍感受不到故障，所以在收到 N 侧高频信号后，远方启动发信保护不停信，N 侧纵联保护被闭锁不动作。

（3）从 N 侧录波图看：到录波图大约 1070ms 处发生 M 侧（断口的线路侧）A 相接地故障，M 侧保护启动发信并停信，N 侧保护远方启动发信保护不停信，所以 M 侧保护被闭锁，只能通过Ⅱ段时间跳闸。

（4）N 侧保护大约经 1010ms 重合于 A 相故障，后加速三相跳闸。此时 N 侧保护起信并停信，所以 M 侧零序纵联保护（大约 1440ms ）动作，跳 A 相，经单重时间重合不成后加速跳三相。

8. 某超高压输电线路发生短路故障时，录取的 i_A、i_B、i_C、$3i_0$、u_A、u_B、u_C、$3u_0$ 波形示意图如图 7–5 所示（不计各波形的相位关系，只计大小），试说明：（t_1 前、t_1–t_2、t_2–t_3、t_3–t_4）各时间段波形变化规律，进而说明故障相别和性质。

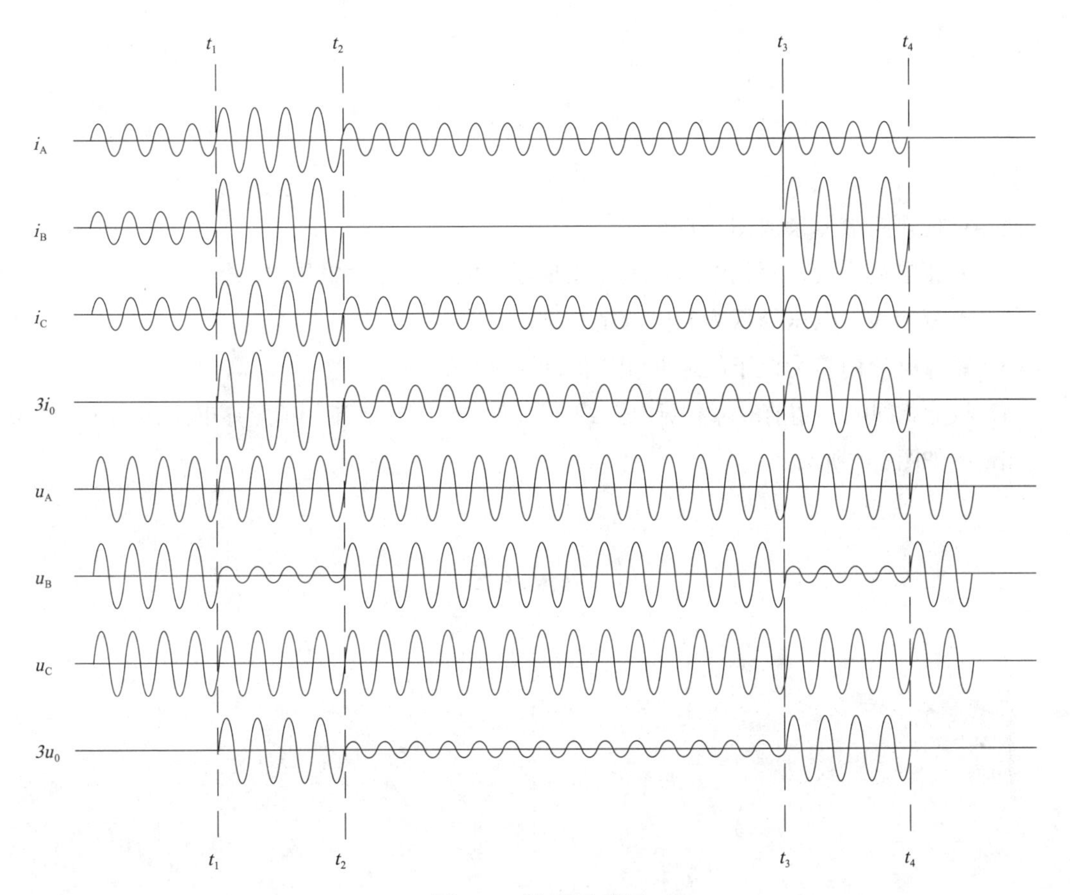

图 7–5　波形示意图

答：（1）t_1 前：$3u_0$=0，$3i_0$=0，三相电压电流正常，属正常运行。

（2）t_1~t_2：$3u_0$，$3i_0$ 出现，判接地故障，B 相电压降低、B 相电流增大、判 B 相接地，A、C 相电流的有所增大，因非故障相中有故障分量电流。

（3）t_2~t_3：B 相电流为 0、B 跳闸，三相电压恢复，线路处非全相运行，有 $3u_0$，$3i_0$。A、C 相基本上保持负荷电流水平。

（4）t_3~t_4：本侧 B 相重合于故障上，有 $3u_0$，$3i_0$ 出现并增大，i_B 增大，u_B 降低，i_A，i_C 在 t_4 前消失，表示对侧重合故障上三跳，当然 A、C 相电流消失。

9. 根据图 7-6 所示波形分析故障类型并画出故障向量图，说明故障类型的波形特点。

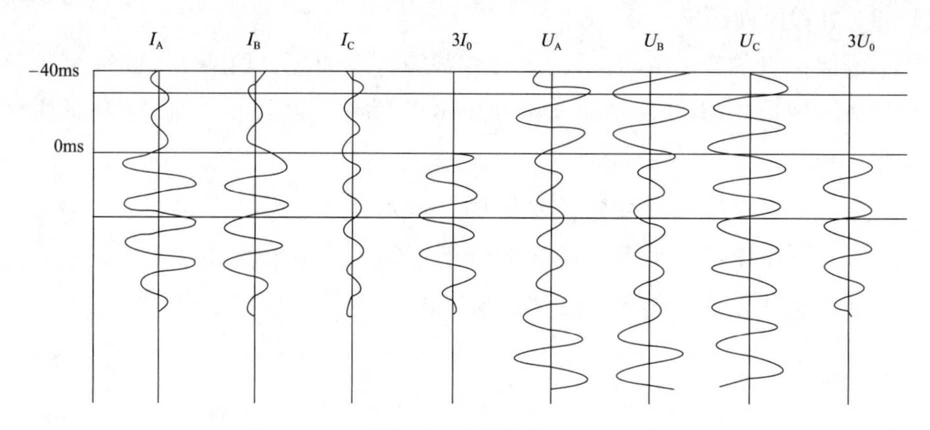

图 7-6 波形图

答：

两相接地短路故障录波图要点：

（1）两相电流增大，两相电压降低：出现零序电流。零序电压。

（2）电流增大、电压降低为相同两个相别。

（3）零序电流向量为位于故障两相电流间。

（4）故障相同电压超前故障相见电流约 80° 左右：零序电流超前零序电压约 110° 左右。

相量图如图 7-7 所示

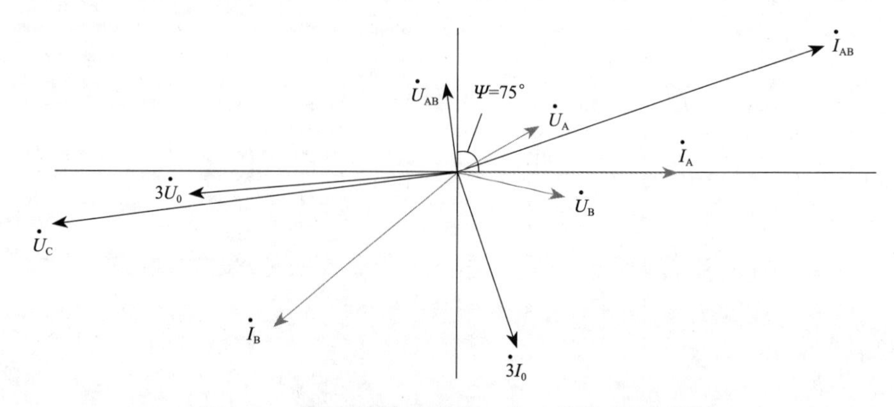

图 7-7 AB 两相接地短路 K（1.1）典型相量图

10. 某 220kV 变电站 220kV 母线为双母线接线，母联断路器正常为运行状态，4423 线线路出现故障，具体故障录波图如图 7-8 所示，请将故障发生的整个过程按阶段描述清楚，包括故障情况、故障电流情况、保护动作情况、各阶段持续时间，并说明判断依据。

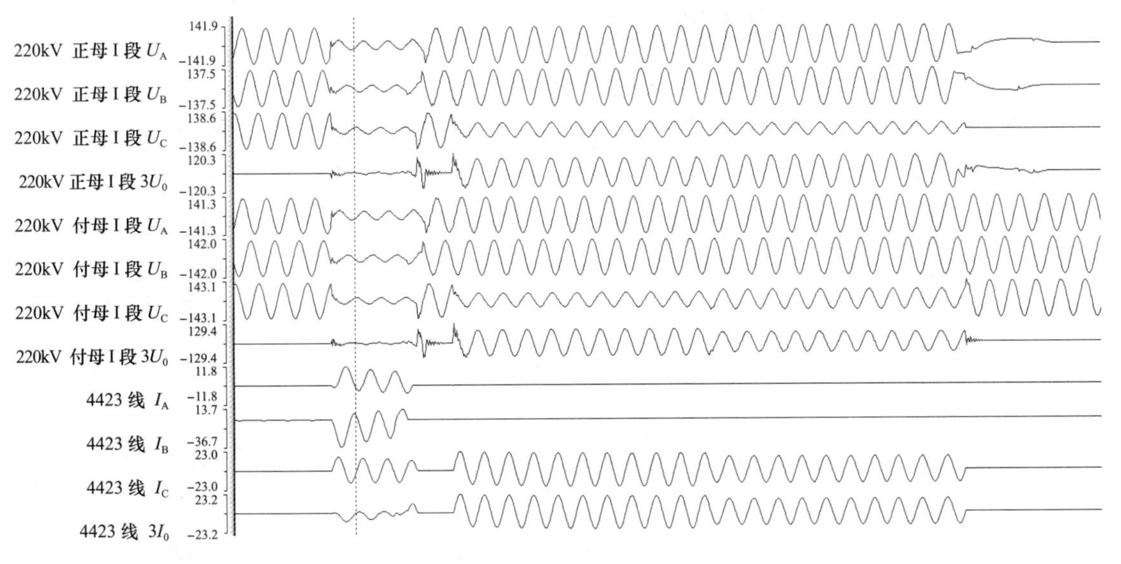

图 7-8　故障录波图

答：(1) 第一阶段（故障前）：220kV 正母Ⅰ段、副母Ⅰ段电压及 4423 线三相电流均正常，4423 线线路正常运行。

(2) 第二阶段（三相故障 60ms）：220kV 正母Ⅰ段、副母Ⅰ段三相电压降低，4423 线三相均出现故障电流，因电压和电流均无明显零序分量，判断为 4423 线线路三相短路故障，故障持续时间 60ms，220kV 线路纵联保护或距离Ⅰ段保护动作跳开三相断路器。

(3) 第三阶段（故障消失 30ms）：220kV 正母Ⅰ段、副母Ⅰ段三相电恢复正常，4423 线三相故障电流消失，持续时间 30ms。

(4) 第四阶段（C 相故障 420ms）：220kV 正母Ⅰ段、副母Ⅰ段 C 相电压降低，4423 线出现 C 故障电流，零序电流和 C 相故障电流大小相位一致，判断为 4423 线 C 相接地故障，因和第一次故障间隔 30ms，可排除重合闸动作于故障，因电流持续 420ms，时间与失灵保护动作时间基本一致，同时 420ms 后副母Ⅰ段电压恢复正常，初步判定本阶段故障经过为：4423 线 C 相断路器被击穿或断路器灭弧室重燃出现故障电流，经 420ms 后 4423 断路器失灵保护动作跳 220kV 母联断路器及 220kV 正母Ⅰ段上所有出线断路器。

(5) 第五阶段（故障隔离后）：220kV 正母Ⅰ段母线失压，220kV 副母Ⅰ段电压恢复正常，4423 线三相电流均为零，4423 线故障点被隔离。

参考相关规章制度文件

［1］国家电网公司关于印发《国家电网公司变电站设备监控信息管理规定》等 6 项通用制度的通知（国家电网企管〔2016〕649 号）.

［2］《国家电网公司调控中心调控运行交接班管理规定》（国家电网企管〔2014〕747 号）.

［3］国调中心关于印发《国家电网公司断路器常态化远方操作工作指导意见》的通知（调调〔2014〕72 号）.

［4］国调中心关于印发《国家电网公司故障停运线路远方试送管理规范（暂行）》的通知（调调〔2014〕29 号）.

［5］国家电网公司电网无功电压调度运行管理规定（国家电网企管〔2014〕1212 号）.

［6］《监控值班工作日历》（调监〔2013〕50 号）.

［7］国调中心关于印发《调度集中监控告警信息相关缺陷分类标准（试行）》的通知（调监〔2013〕300 号）.

［8］国调中心关于印发《500kV 变电站典型信息表（试行）》、《220kV 变电站典型信息表（试行）》的通知（调监〔2012〕303 号）.

［9］国网浙江省电力有限公司关于颁发浙江省电力系统省、地、县（配）三级调度控制管理规程的通知（浙电调〔2018〕4 号）.

［10］国调中心关于印发《国家电网公司断路器常态化远方操作工作指导意见》的通知（调调〔2014〕72 号）.

［11］国家电网公司关于印发《国家电网公司调控中心设备集中监视管理规定》等 4 项通用制度的通知（通知〔2014〕5-13 号）.

［12］国调中心关于印发《调度集中监控告警信息相关缺陷分类标准（试行）》的通知（调监〔2013〕300 号）.